GÉOLOGIE

DIVISION

DU

COURS ÉLÉMENTAIRE D'HISTOIRE NATURELLE

(Géologie, Zoologie, Botanique, Paléontologie)

PAR MM.

M. BOULE
Professeur au Muséum national
d'Histoire naturelle.

E.-L. BOUVIER
Professeur au Muséum national
d'Histoire naturelle.

H. LECOMTE
Professeur au Muséum national d'Histoire naturelle.

PREMIER CYCLE

Notions de Zoologie (Classes de Sixième A et B). par E.-L. BOUVIER. *2e édition, conforme au programme de* 1912. 1 volume in-16, avec 302 figures. cart. toile souple. . . . . 2 fr. 50

Notions de Botanique (Classes de Cinquième A et B,. par H. LECOMTE. *3e édition, conforme au programme de* 1912. 1 volume in-16. avec 391 figures, cartonné toile souple. . . . . . . 2 fr. 50

Géologie (Classe de Quatrième A et B). par M. BOULE, *4e édition, entièrement nouvelle, conforme au programme de* 1912. 1 volume in-16 avec 251 figures et 7 planches en couleurs. cartonné toile souple. 3 fr.

Notions de Biologie. d'Anatomie et de Physiologie appliquées à l'homme (Classe de Troisième B), par E.-L. BOUVIER. 1 volume in-16, avec 143 figures. cartonné toile souple . 2 fr. 50

SECOND CYCLE

Éléments d'Anatomie et de Physiologie végétales (Classes de Philosophie A et B et de Mathématiques A et B, École navale. Institut Agronomique et Écoles nationales d'Agriculture), par H. LECOMTE. *2e édition.* 1 vol. in-16. avec 522 figures. cartonné toile souple . . . . 2 fr. 50

Éléments d'Anatomie et de Physiologie animales (Classes de Philosophie A et B et de Mathématiques A et B). par E.-L. BOUVIER. *2e édition.* 1 volume in-16, avec 432 figures, cartonné toile souple . . . . 3 fr. 50

Conférences de Paléontologie. par M. BOULE, *2e édition, revue et corrigée.* 1 volume in-16. avec 225 figures. cartonné toile souple. . . . . 2 fr.

75648. — Imprimerie LAHURE, rue de Fleurus, 9, à Paris.

COURS ÉLÉMENTAIRE D'HISTOIRE NATURELLE

Par MM. M. BOULE, E.-L. BOUVIER, H. LECOMTE

GÉOLOGIE

PAR

Marcellin BOULE

PROFESSEUR AU MUSÉUM D'HISTOIRE NATURELLE DE PARIS

(CLASSES DE QUATRIEME A ET B)

4e ÉDITION REFONDUE, CONFORME AUX PROGRAMMES DE 1912

AVEC 251 FIGURES ET 7 PLANCHES EN COULEURS

PARIS

MASSON ET Cie, ÉDITEURS

120, BOULEVARD SAINT-GERMAIN

1914

PRÉFACE

Il n'est pas de science plus grandiose et plus passionnante que la Géologie. Elle ouvre à l'esprit humain des horizons sans bornes. De même que l'Astronomie nous permet de concevoir l'immensité de l'espace, la Géologie nous donne une idée de l'immensité du temps. Comme science des origines, elle a une vertu éducatrice qui légitime sa place dans les programmes de l'enseignement secondaire, plus encore peut-être que l'importance de ses applications pratiques.

C'est en me plaçant à ce point de vue que j'ai écrit mes petits livres pour les élèves de nos écoles. J'ai fait appel à leur intelligence plutôt qu'à leur mémoire.

Cet ouvrage est conforme aux programmes de 1912. Les matières enseignées jusqu'à présent en 5ᵉ B, 4ᵉ A, d'une part, en 2ᵉ, d'autre part, devant être maintenant réunies dans le cours de 4ᵉ, j'ai dû fusionner en les revisant, et surtout en les allégeant, mes *Notions de Géologie* et mes *Conférences de Géologie*, auxquelles les maîtres de l'Enseignement secondaire ont fait un accueil dont je suis très honoré.

Cette nouvelle édition est divisée en deux parties. Dans la première, la Terre est étudiée dans son état présent. Il ne faut pas considérer ces notions sur les *phénomènes actuels* comme une simple énumération de faits isolés. Elles doivent servir de préparation à l'étude des phénomènes passés, des phénomènes qui ont fait la Terre ce qu'elle est. J'ai tâché de les présenter dans un ordre logique. M'adressant à des enfants de douze à treize ans, j'ai cherché à être aussi clair que possible et à ne partir que de notions tout à fait simples. Évitant l'abus des mots techniques, j'ai donné l'étymologie de tous ceux que j'ai employés.

La seconde partie traite du passé de la Terre.

La géologie est une histoire. L'évolution du monde physique, comme celle du monde animé, présente une longue suite d'enchaînements. Aussi l'ordonnance des matières et leur exposition ont été faites suivant la méthode historique. Chaque chapitre se relie tout naturellement à celui qui le précède et à celui qui le suit.

J'ai obéi aux indications fort sages qui interdisent l'énumération des couches et les listes de fossiles. Je pense que, sous une forme très accessible aux jeunes lecteurs à qui je m'adresse, ces leçons donneront une idée juste de l'état actuel de nos connaissances sur l'histoire de la Terre.

Comme ces connaissances reposent sur des faits concrets, sur des documents matériels, j'ai tenu à mettre sous les yeux des élèves le plus grand nombre possible de ces documents au moyen d'une abondante illustration ; les enfants apprendront ainsi beaucoup sans la moindre fatigue. La plupart des figures sont originales.

Pour représenter les phénomènes géologiques, j'ai pris le plus possible des exemples dans notre pays. La plupart des reproductions de fossiles ont été faites d'après les collections du Muséum national d'Histoire naturelle. Je me suis servi surtout de la photographie parce qu'elle est sincère. L'esprit des jeunes élèves est trop souvent faussé par la vue d'images inexactes.

Je n'ai pas hésité à introduire, dans l'enseignement élémentaire de la géologie, les cartes *paléogéographiques*. Elles font saisir le nombre et l'importance des changements subis par la surface terrestre ; elles confirment, en la précisant, la notion de l'immense durée des temps géologiques. Celles qu'on trouvera ici, de même que la Carte géologique de la France, placée à la fin du volume, sont très claires grâce à leur impression polychrome. Je remercie mes éditeurs des sacrifices qu'ils se sont imposés à cet égard.

A propos des éditions précédentes des *Notions* et *Conférences de Géologie*, on m'a parfois reproché d'être trop bref et parfois d'être trop long. Cela me donne le droit de penser que j'étais dans la bonne moyenne. J'ai cherché, cette fois, à satisfaire tout le monde en introduisant dans cette nouvelle édition, à la fin de chaque chapitre, un résumé de ce chapitre. Ce résumé contient l'essentiel. J'ai conservé, dans le texte courant, beaucoup de références géographiques françaises. Mes lecteurs ne sauraient s'en plaindre. « Le professeur, dit en effet le programme, s'attachera plus particulièrement à l'étude de la géologie locale. » L'indication est excellente, car c'est en adaptant son enseignement aux conditions du pays où il se trouve, que le maître donnera à son enseignement tout le charme dont il est susceptible et qu'il lui fera porter tous ses fruits.

M. B.

GÉOLOGIE

INTRODUCTION

1. **Définition de la géologie.** — La géologie([1]) est la science de la Terre.

Il y a plusieurs façons d'étudier la Terre. La géographie, par exemple, n'envisage que sa surface ; elle se contente même de décrire cette surface dans son état actuel.

La géologie, au contraire, considère la Terre dans sa profondeur aussi bien qu'à sa surface. Elle observe les changements que notre planète subit tous les jours et les changements qu'elle a dû subir pour arriver à son état actuel. Elle l'étudie non seulement dans le présent, mais encore dans le passé. *Son but est de reconstituer l'histoire de la Terre.*

2. **Notions préliminaires sur le globe terrestre.** — La géographie nous apprend que la Terre est ronde, légèrement aplatie aux pôles et légèrement renflée à l'équateur ; que sa surface est inégale ; qu'elle présente de grandes dépressions, où sont contenues les eaux de la *mer*, et de vastes régions, qui font saillie au-dessus des mers, les *continents*.

Les continents eux-mêmes offrent des parties hautes qui sont les *montagnes*, et des parties basses, où coulent les cours d'eau et qui sont les *vallées*. Les montagnes les plus élevées

([1]) Du grec *gé*, terre, et *logos*, discours.

n'atteignent que 8800 mètres. Les plus grandes profondeurs de la mer sont d'environ 9000 mètres.

Ces inégalités de la surface terrestre sont insignifiantes si on les compare au diamètre de la Terre, qui est d'environ

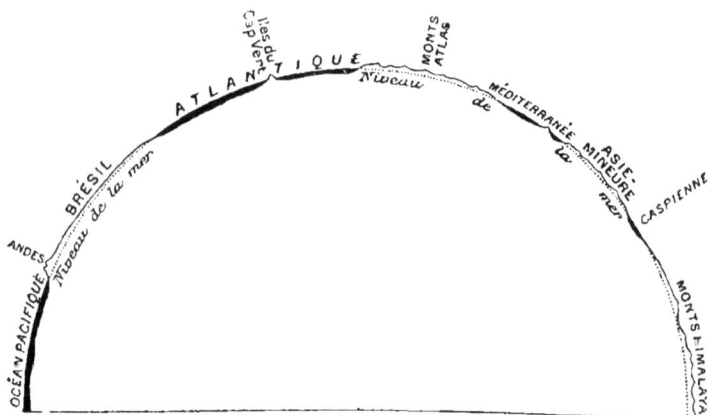

Fig. 1. — Les accidents de la surface terrestre, dont la hauteur est exagérée vingt fois.

12 600 kilomètres. La surface d'une orange est, toutes proportions gardées, plus rugueuse que la surface de la Terre (fig. 1).

5. **Les matériaux du globe**. — Le globe terrestre peut se diviser, au point de vue géologique, en deux parties : 1° une partie centrale, qui échappe à l'observation, sur laquelle nous n'avons, par suite, que des données incertaines ; 2° une partie superficielle ou périphérique, qu'on appelle *écorce* ou *croûte terrestre*, et qui est accessible jusqu'à une certaine profondeur.

L'écorce terrestre est revêtue généralement par une couche relativement mince de terre, dite *terre végétale* parce qu'elle fait pousser les végétaux et dont nous apprendrons bientôt l'origine.

Au-dessous de la terre végétale viennent des substances très variées comme couleur, comme consistance, comme dureté.

Ce sont les *roches*, qui forment des masses se continuant avec les mêmes caractères sur des étendues plus ou moins considérables. On les observe facilement, un peu partout, soit sur les points de la surface terrestre où il n'y a pas de terre végétale, sur les parois des ravins escarpés, des falaises, etc., soit sur les points où la terre végétale a été enlevée par l'homme : fossés, tranchées de routes ou de chemins de fer, puits, carrières, etc.

Le mot roche ne désigne pas toujours une substance dure. Le *granite*, le *calcaire*, que tout le monde connaît, sont des roches dures. Mais il y a des roches tendres, friables : les *sables*, les *argiles*. Nous aurons plus tard à étudier les principales sortes de roches. Pour le moment il nous suffit de connaître les plus vulgaires.

Les roches sont souvent disposées par *couches* superposées ; on dit : une couche de sable, d'argile, de calcaire. Elles forment aussi les *terrains* ; on dit : un terrain granitique, un terrain calcaire ; un terrain sablonneux, etc.

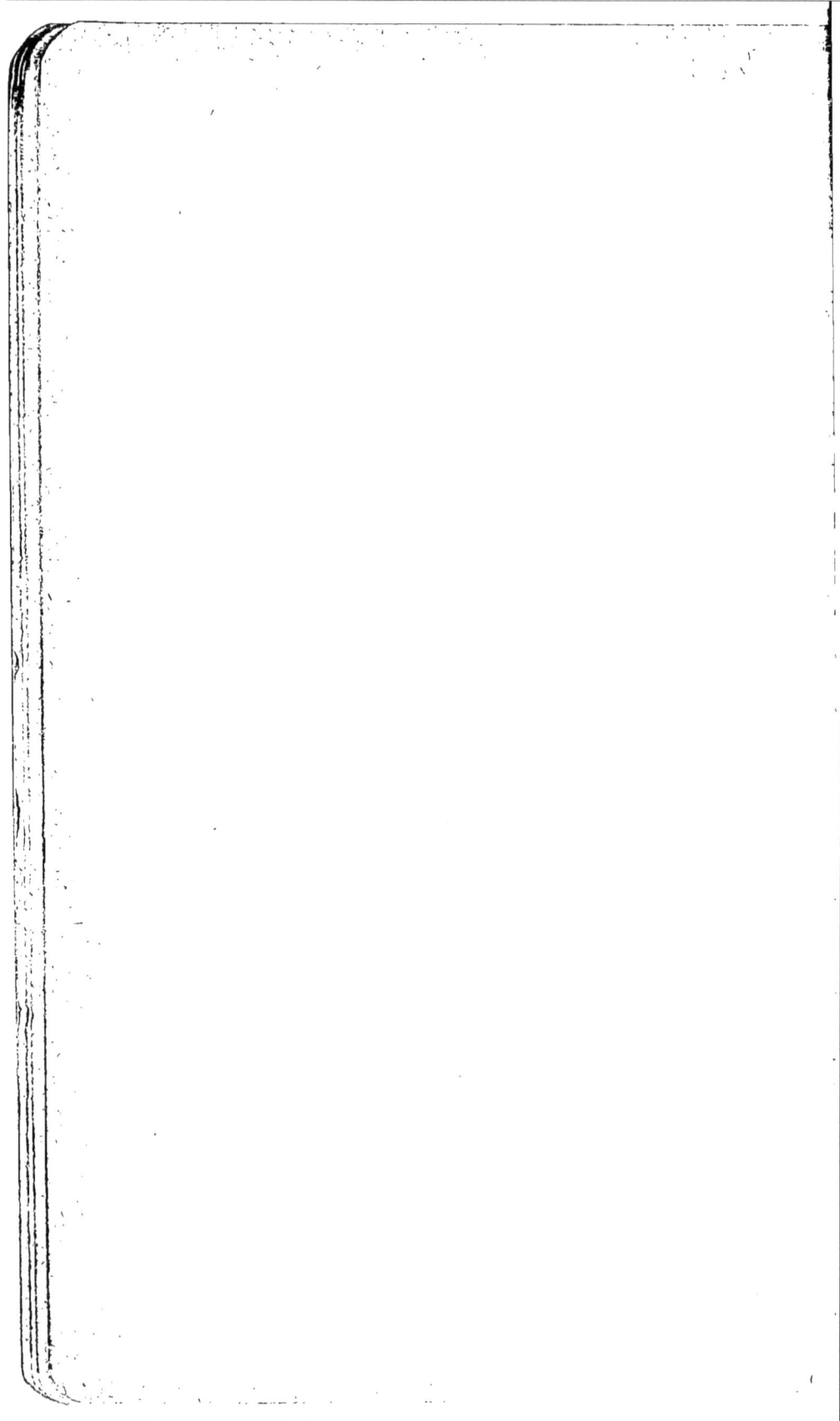

PREMIÈRE PARTIE

LA TERRE DANS SON ÉTAT ACTUEL

CHAPITRE PREMIER

PHÉNOMÈNES ACTUELS. — L'ATMOSPHÈRE

4. *Les phénomènes actuels et l'histoire de la Terre*. — Ce qui se passe chaque jour autour de nous montre que la Terre subit de perpétuels changements. Ici, des éboulements ou des chutes de rochers dégradent les montagnes. Là, des pluies d'orage entraînent dans les rivières des cailloux ou du sable arrachés aux pentes, tantôt le sol s'entr'ouvre à la suite d'un tremblement de terre, tantôt un volcan édifie une montagne d'où sortent des torrents de lave. Sur certains points, la mer ronge peu à peu les falaises qui la bordent et s'avance dans l'intérieur des terres ; sur d'autres points, elle forme des dépôts qui augmentent au contraire l'étendue de la terre ferme.

Ces divers changements, considérés pendant quelques heures, quelques jours, ou même pendant la durée d'une vie humaine, paraissent insignifiants. Mais à la longue, ils finissent par produire des modifications importantes, de véritables transformations. Comme la Terre est bien vieille, elle a subi de nombreuses vicissitudes avant d'arriver à son état actuel, qui n'est lui-même qu'un état transitoire. La succession des événements, qui ont donné à notre planète l'aspect que nous lui voyons aujourd'hui, est donc une véritable histoire, et *la géologie*, nous l'avons déjà dit, *a pour but de reconstituer l'histoire de la Terre*.

Comme c'est à la lumière du présent qu'on peut comprendre le passé, c'est par l'étude des phénomènes actuels qu'il faut commencer l'étude de la géologie.

5. *Classification des phénomènes actuels*. — Les transformations que subit la Terre sont dues à des causes diverses.

Les unes sont en dehors du sol ; on les dit *extérieures* ou *externes*. Le vent, qui soulève des poussières et les transporte au loin ; la rivière, qui ronge son lit ; la mer, dont les vagues démolissent les falaises, représentent des *forces externes*.

Au contraire, les forces qui agissent dans les tremblements de terre, ou qui produisent les volcans, ont évidemment une origine profonde ; leur siège se trouve sous nos pieds, dans l'intérieur de la Terre ; ce sont des *forces internes*.

Les êtres vivants eux-mêmes peuvent contribuer à produire des changements à la surface de la Terre.

Nous étudierons successivement :

1° L'action des forces externes : l'atmosphère, l'eau ;

2° L'action des êtres vivants ;

3° L'action des forces internes.

6. *L'atmosphère. Sa composition*. — La Terre est entourée d'une enveloppe gazeuse, l'*air* ou *atmosphère*.

L'air n'est pas un corps simple ; c'est un mélange de plusieurs gaz dont les principaux sont : l'*oxygène* et l'*azote*. Il renferme, en outre, une petite quantité d'un autre gaz plus lourd que les précédents : l'*acide carbonique*, et aussi de la *vapeur d'eau*.

L'acide carbonique est le gaz que les animaux dégagent à chaque mouvement respiratoire et que les végétaux absorbent pour se nourrir et s'accroître.

La vapeur d'eau provient de l'échauffement de la mer, des lacs ou des cours d'eau sous l'action du soleil. D'abord invisible, elle s'élève dans l'air ; puis elle se refroidit, elle donne naissance aux brouillards, aux nuages et à la pluie.

7. *Action géologique de l'air au repos*. — Au repos, l'action de l'air sec est à peu près nulle ; celle de l'*air humide* est considérable.

Pour se rendre compte de l'influence exercée par l'atmosphère sur les roches qui forment la surface terrestre, il suffit

d'examiner comparativement deux édifices construits avec les
mêmes matériaux, mais d'âges très différents. Tandis que l'édifice récent a ses pierres fraîchement taillées, avec des surfaces
égales et bien dressées, l'édifice ancien offre des moellons dis-

Fig. 2. Rochers de granite désagrégés dans les montagnes de la
Margeride (Massif Central de la France).

joints, fendus, écaillés ou sillonnés de rides. La surface de
ces moellons est recouverte d'une croûte terreuse, facile à
racler avec la lame d'un couteau ou même avec l'ongle.

On dit parfois que ces pierres « sont rongées par le temps ».
Il serait plus exact de dire qu'elles sont rongées par les actions
atmosphériques.

De pareils phénomènes s'observent sur une grande échelle
un peu partout à la surface du globe. Le sommet des montagnes est ordinairement formé de blocs de pierre désagrégés,
autrefois réunis en une seule et même masse et qui se sont
peu à peu séparés les uns des autres (fig. 2). Au pied des escarpements de ces montagnes, il y a presque toujours des amas
de terre et de blocs qui se sont détachés de la même manière.

L'oxygène, l'acide carbonique, l'eau, contenus dans l'atmosphère jouent chacun leur rôle dans cette désagrégation des roches exposées à l'air.

8. *Action de l'eau atmosphérique.* — Quand il fait froid, la vapeur d'eau passe à l'état liquide, se condense à la surface des roches et pénètre dans leurs fissures. Si le froid devient plus vif et qu'il gèle, cette eau, emprisonnée dans les fissures, exercera une pression considérable, car pour passer de l'état liquide à l'état solide, l'eau augmente de volume. De même que les tuyaux de conduite d'eau éclatent en hiver par les grandes gelées sous l'influence de cette pression, de même les diverses parties de la roche s'écarteront comme poussées par un coin, se sépareront et se réduiront peu à peu en miettes.

Les pierres poreuses ou fissurées, qui présentent plus que d'autres ce phénomène, sont dites *gélives*; de là l'expression : « Il gèle à pierre fendre. » Elles ne résistent pas à l'action des hivers rigoureux et les architectes doivent éviter de les employer dans les constructions. Les roches gélives se montrent sur de grandes étendues de la surface terrestre qui sont ainsi soumises à une détérioration considérable.

9. *Action de l'oxygène et de l'acide carbonique.* - Pour comprendre l'action de l'oxygène, il suffit d'examiner ce qui se passe quand on expose un morceau de fer à l'air humide. Au bout de quelque temps, sa surface s'altère, perd son aspect brillant : elle se recouvre de *rouille*, substance brune, terreuse, qui s'écaille facilement et qui résulte de l'union du fer avec l'oxygène et l'eau atmosphériques.

Un phénomène analogue se produit pour beaucoup de roches. Une couche pulvérulente se forme; cette couche se détache facilement; la roche fraîche se montre de nouveau à nu; elle est de nouveau attaquée et ainsi de suite jusqu'à ce que toute la roche soit tombée en poussière. Le phénomène se produit lentement, mais d'une manière continue.

Le gaz acide carbonique a, comme tous les acides, la propriété d'attaquer les roches calcaires. Quand l'air est bien sec, l'acide carbonique n'a pas d'action appréciable; sous le ciel clair de la Grèce, les monuments et les statues de marbre de l'antiquité se sont merveilleusement conservés. Dans les climats humides du Nord, les roches calcaires sont rapidement corrodées et même dissoutes par l'acide carbonique enfermé dans l'eau atmosphérique.

10. Distinction du sol et du sous-sol. — Formation du sol.

— Ainsi, l'atmosphère, dans son état de repos, désagrège et décompose les roches solides. Elle est puissamment aidée par les plantes, qui enfoncent leurs racines dans les joints des roches et contribuent à les désagréger. C'est

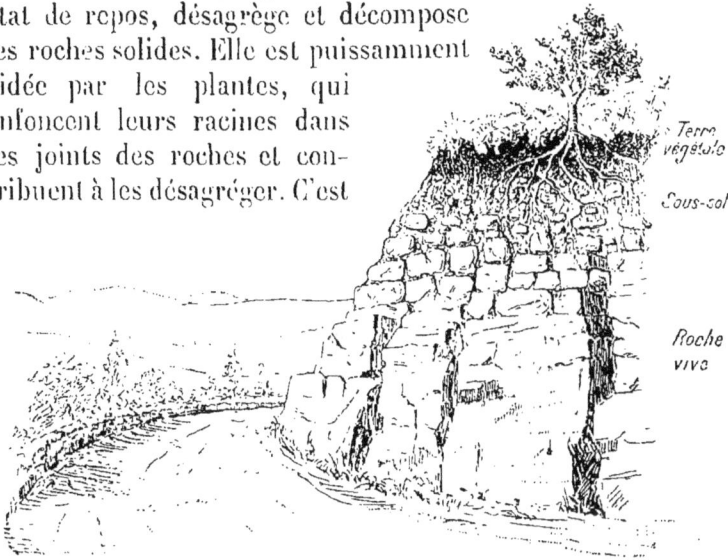

Fig. 5. Tranchée de route montrant la formation du sol et du sous-sol aux dépens de la roche vive.

grâce à ce travail que se forme le *sol* qui sert à la culture.

Le sol, composé d'éléments meubles, n'a généralement pas une grande épaisseur. Au-dessous de lui vient la roche solide, plus ou moins compacte, qui forme le *sous-sol* et dont l'épaisseur est énorme.

Cette distinction du sol et du sous-sol est facile à faire sur une tranchée de route (fig. 5). Si l'on prend une poignée de terre à la surface du champ dans lequel cette tranchée est

creusée et qu'on l'examine soit à l'œil nu, soit, si c'est néces-
saire, au moyen d'une loupe, on voit que cette terre n'est pas
homogène ; elle est formée d'une poudre mélangée de détritus
végétaux et de fragments plus ou moins gros d'une roche
identique à celle du sous-sol.

Le sol n'est donc que la partie superficielle, altérée et désagrégée du sous-sol, comme la rouille n'est que la partie superficielle du fer attaqué par l'oxygène et l'humidité de l'air. Le
sol représente en quelque sorte la *rouille* du sous-sol.

11. *Action géologique du vent.* — Le vent n'est autre
chose que l'air en mouvement.

Tout le monde a pu constater que, dans nos pays, les jours
de grand vent, le voyageur est incommodé par les tourbillons
de poussière des routes, tandis que le vent qui passe sur les
prairies voisines n'entraîne avec lui aucune particule terreuse.

Il y a, sur la terre, de vastes régions arides, dépourvues de
végétation. Là, les roches désagrégées par les agents atmosphériques dont nous venons de parler, réduites à l'état de sable
plus ou moins fin, de poudre plus ou moins légère, sont facilement balayées et transportées par le vent dans des lieux
abrités ; là ces poussières s'accumulent pour former de véritables terrains dont la végétation pourra s'emparer et qui
seront ainsi soustraits aux nouveaux effets des courants
aériens. Il y a, en Chine, des couches de terre jaune, qu'on
appelle *lœss*, dont l'épaisseur atteint 600 mètres, et qui ont
été formées, en grande partie, de cette manière.

12. *Dunes.* — Au bord de la mer, le sable des plages est
soulevé par les vents du large qui tendent à le transporter dans
l'intérieur des terres. Il se forme ainsi des collines mouvantes
qu'on nomme des *dunes*.

Le côté de ces collines qui regarde la mer offre une pente
douce, un plan légèrement incliné, AB (fig. 4), sur lequel les
grains de sable sont poussés par le vent. Parvenus à la crête de
la colline, ces grains tombent sur le côté opposé, BC, qui est
plus escarpé, et, par leur accumulation, ils augmentent l'éten-

duc de la dune. Arrivée à une certaine hauteur, celle-ci ne
s'accroît plus, mais il s'en forme une nouvelle en avant de la
première, et ainsi de suite jusqu'au moment où il se présente
un obstacle.

Ces dunes, situées au bord de la mer, sont dites *dunes maritimes* pour les distinguer des *dunes continentales* qui se for-

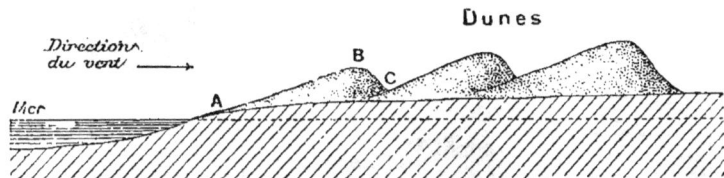

Fig. 4. — Dunes au bord de la mer. Figure théorique.

ment dans les déserts, à l'intérieur des continents. Celles-ci
sont plus grandes ; leur hauteur peut dépasser 200 mètres.

Dans le Sahara, un vent chaud et violent, le *simoun*,
entraîne des nuages de sable et de poussière qui peuvent
obscurcir complètement la lumière du soleil, ensevelir les
caravanes et changer en quelques heures l'aspect du pays en
déplaçant les collines de sable (fig. 6).

15. *Fixation des dunes.* — Les dunes maritimes s'observent, en France, le long des côtes de la mer du Nord, de la
Manche et de l'Atlantique, notamment aux environs de Dun-
kerque, en Bretagne et dans les Landes.

En Bretagne, un village situé aux environs de Saint-Pol-de-
Léon a été envahi par une dune marchant avec une vitesse de
500 mètres par an. De même, dans la Gironde, le village de
Vieux-Soulac ; la figure 5 représente une maison située près
de cette dernière localité et en partie ensevelie sous le sable.

Cheminant avec une vitesse de 20 à 25 mètres par an, les
dunes de la Gascogne avaient pris, au siècle dernier, une extension si considérable, qu'on avait fini par craindre de les voir
arriver jusqu'à Bordeaux. On dut chercher à arrêter cet
envahissement.

Sur une surface couverte d'arbres, d'arbrisseaux ou même d'herbe, le vent se brise, le transport du sable, entravé par les végétaux, ne peut s'effectuer que très difficilement. On com-

Fig. 5. —Maison à moitié ensevelie sous les sables des dunes.

Fig. 6.   Dunes dans le Sahara.

Fig. 7.   Dune maritime fixée par une plantation de Pins (Arcachon).

mença donc par semer des herbes, notamment des *Carex* ou Laîches des sables, puis des arbustes, et enfin on planta des Pins maritimes. Ces opérations ont admirablement réussi (fig. 7). Une étendue de plus de 100 kilomètres de dunes a été ainsi fixée : au lieu d'une contrée aride et sans valeur, on a maintenant des forêts estimées à plus de 25 millions, et l'envahissement de la terre ferme par les sables de la mer a été définitivement arrêté.

14. Résumé. — L'écorce terrestre est le siège de phénomènes qui lui font subir de perpétuels changements.

Ces *phénomènes actuels* sont dus : 1° à des agents externes ; 2° aux êtres vivants ; 3° à des agents internes.

Les principaux agents externes sont l'atmosphère et l'eau.

1° *Au repos*, l'air sec ne produit aucun effet appréciable ; *l'air humide* attaque les roches, les corrode, les désagrège.

Quand il fait froid, la vapeur d'eau se condense et pénètre dans les fissures des roches. S'il gèle, cette eau les *émiette*.

C'est ainsi que le *sol* se forme aux dépens du *sous-sol*.

2° L'air *en mouvement*, ou le vent, enlève, sur certains points, les particules des roches désagrégées et les transporte sur d'autres points.

Au bord de la mer ou dans les déserts, il accumule le sable en collines mouvantes ou *dunes*.

Pour fixer les dunes et les empêcher d'envahir les territoires habités par l'homme, on sème de l'herbe et on plante des Pins.

CHAPITRE II

ROLE GÉOLOGIQUE DE L'EAU. — LA NEIGE ET LES GLACIERS

15. *La pluie et la neige*. — Quand l'air est chaud, la vapeur d'eau qu'il renferme est invisible. Quand l'air se refroidit, cette vapeur devient visible; on dit qu'elle se condense.

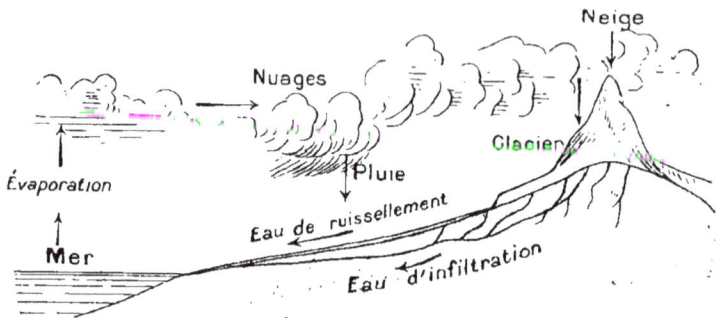

Fig. 8. — Schéma de la circulation de l'eau à la surface et dans l'intérieur de la Terre.

Les nuages sont des amas de vapeur d'eau condensée. Tantôt les nuages disparaissent, fondant en quelque sorte sous l'action du soleil, tantôt les particules liquides qu'ils tiennent en suspension se réunissent pour former des gouttes qui tombent sur la terre : c'est la pluie.

Si le temps est froid, si la température est inférieure à 0°, les particules liquides des nuages se congèlent; au lieu de tomber de la pluie, il tombe de la neige.

Neige et pluie ont donc la même origine; elles proviennent également de nuages de vapeur d'eau due à l'évaporation de l'eau des mers, des lacs, des rivières, sous l'influence du soleil.

Comme l'eau de précipitation retourne à la mer par les

cours d'eau, il y a, entre la terre et l'atmosphère, un échange perpétuel, une véritable circulation, qui joue dans la vie du globe un rôle analogue à celui de la circulation du sang chez les animaux ou de la sève chez les plantes (fig. 8).

Nous allons d'abord étudier les effets géologiques de la neige.

16. *Neiges perpétuelles et avalanches.* — Tout le monde sait qu'il fait plus froid dans les montagnes que dans les plaines. Les chutes de neige y sont donc plus abondantes. Même au cœur de l'été, quand il pleut au pied des Alpes, c'est de la neige qui tombe sur les sommets.

Au-dessus d'une certaine limite, dite *ligne des neiges perpétuelles*, il tombe chaque année plus de neige qu'il n'en fond. Pourtant la neige ne s'y accumule pas indéfiniment. Elle descend dans les régions inférieures pour être fondue ; et cette descente se fait de deux façons : brusquement par les *avalanches* et lentement par les *glaciers*.

Les avalanches sont des masses de neige, qui, entassées sur des pentes trop raides, dans un état d'équilibre instable, s'écroulent avec fracas, glissent ou roulent sur ces pentes, entraînent avec elles des pierres, de la boue et finissent par s'écraser au pied des montagnes ou dans les parties inférieures des vallées.

Les avalanches se forment presque toujours sur les mêmes points ; elles empruntent ordinairement les mêmes chemins qu'on appelle des *couloirs d'avalanches*, et dans le voisinage desquels les montagnards ont soin de ne pas construire leurs habitations.

17. *Formation des glaciers.* — La neige tombe sous forme de flocons légers, formés d'élégants cristaux enchevêtrés et séparés par des vides remplis d'air (fig. 9). Cette neige fraîche ne tarde pas à se tasser et à se durcir.

Sur les points où elle s'accumule, la neige inférieure supporte, en effet, le poids de celle qui la surmonte. Et, de même qu'on peut rendre une boule de neige dure et compacte en la

pressant entre les doigts pour rapprocher les cristaux et
expulser l'air, de même les pressions que les neiges éternelles exercent sur elles-mêmes les transforment en une masse plus lourde et plus compacte, le *névé*.

Celui-ci, obéissant aux lois de la pesanteur et poussé par les neiges supérieures, descend lentement les pentes plus ou moins raides des montagnes, remplit les dépressions, se réunit à des masses pareilles provenant des pentes voisines et gagne une vallée.

Fig. 9.   Cristaux ou *fleurs de neige.*

Fig. 10.   Le glacier de la Pilatte d'où sort le Vénéon (Isère).

Au cours de ce voyage, le névé est devenu de plus en plus cohérent et compact, les bulles d'air ont été chassées complè-

tement ; il s'est peu à peu transformé en glace. Chaque champ
de neiges perpétuelles projette ainsi, dans les ravins ou les
vallées, des langues de glace qu'on nomme des *glaciers* (fig. 10).

Les glaciers peuvent descendre bien au-dessous de la limite
des neiges perpétuelles. Mais comme ils gagnent ainsi des
régions de plus en plus chaudes, leur fusion s'opère de plus
en plus vite. Bientôt la température de l'air est suffisante pour
fondre toute la glace à mesure qu'elle avance. Alors le
glacier se termine et les eaux de fusion donnent naissance à
un cours d'eau, le *torrent glaciaire* (fig. 10).

18. **Mouvements des glaciers**. — On sait depuis longtemps que les glaciers sont doués de mouvements de progression.

Des objets, perdus à la surface des glaciers des Alpes, ont

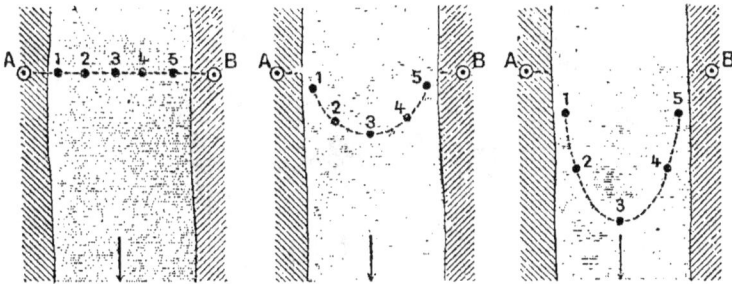

Fig. 11. — Figure théorique montrant comment on mesure
les mouvements des glaciers.

été retrouvés, quelques années plus tard, à un niveau beaucoup plus bas. Une échelle abandonnée, au pied de l'Aiguille
Noire, par un savant naturaliste genevois, de Saussure, lors de
son ascension au mont Blanc en 1788, a été vue en 1832,
44 ans après, à 4050 mètres en contre-bas : le glacier avait
donc progressé de 92 mètres par an. Les cadavres d'excursion-
nistes, victimes de catastrophes, sont rendus au jour au bout
d'un certain temps.

Il est facile de mesurer, d'une manière précise, les mouvements des glaciers (fig. 11). Pour cela, on plante une série

de piquets en ligne droite sur le glacier (1, 2, 3, 4, 5) et sur
les deux rives (A, B). Au bout d'un certain temps on s'aper
çoit que les piquets enfoncés dans la terre ferme (A, B)
n'ont pas bougé, tandis que ceux qui ont été plantés dans
la glace se sont déplacés. Ces derniers ne sont plus disposés

Fig. 12. — Tou-
ristes franchis-
sant une cre-
vasse de glacier
dans les Alpes.

Fig. 13. — Les
séracs de la
Mer de glace
(Haute-Savoie).

Fig. 14.   La table du glacier
de Talèfre (Haute-Savoie).

en ligne droite : les uns ont progressé plus vite que les
autres. Les piquets 1 et 5, placés près des bords, ne sont pas
très éloignés de leur point de départ ; les piquets 2 et 4, placés à une plus grande distance du bord, se sont éloignés
davantage ; le piquet 3, placé au milieu du glacier, est celui
qui a progressé le plus rapidement.

La glace se comporte ainsi comme une substance plastique
ou pâteuse qui s'écoule avec lenteur. C'est avec raison qu'on
applique souvent aux glaciers le terme de *fleuves* ou de *rivières
de glace*.

19. *Divers accidents des glaciers*. — La surface d'un glacier est loin d'être plane et uniforme ; elle présente des accidents variés.

Les plus importants sont les *crevasses* (fig. 12). Quand la glace rencontre des obstacles ou que l'inclinaison de son lit

Fig. 15. — Dessin théorique d'un glacier montrant comment se forment les moraines.

change trop brusquement, et malgré sa plasticité, elle peut se rompre, se fissurer et former des crevasses. Quand des crevasses longitudinales et transversales se produisent sur le même point, elles donnent, en se coupant, naissance à des piliers, à des prismes ou à des aiguilles qu'on appelle des *séracs* (fig. 13). Les crevasses sont parfois des gouffres béants qui rendent dangereuse la traversée des glaciers, surtout quand elles sont dissimulées par des ponts de neige.

D'autres accidents pittoresques sont les *tables des glaciers*,

grosses pierres portées par un pilier ou un piédestal de glace
(fig. 14). Cette disposition s'explique facilement. Les pierres
reposaient primitivement à la surface du glacier ; le soleil a
peu à peu fondu la glace tout autour, en respectant celle qui,
étant en contact avec la pierre, se trouvait protégée par elle.

20. *Phénomènes de transport des glaciers. Érosion glaciaire*. — Il y a, dans la région des neiges éternelles,
des sommets dont les pentes sont tellement raides, souvent
verticales, que la neige ne peut les recouvrir. Ces sommets
sont donc soumis à l'action
destructive de l'atmosphère,
action particulièrement énergique à ces altitudes. Sous l'influence répétée de la gelée, les
roches éclatent, s'effritent. Les
blocs s'éboulent, roulent sur
les flancs de la vallée et arrivent jusqu'au glacier.

Fig. 16. — Caillou strié par un glacier.

Là ils forment des traînées
de matériaux, ou *moraines latérales*, que le glacier transporte, en quelque sorte, sur son dos et qui, cheminant avec
lui jusqu'à son extrémité, viennent se déverser en avant du
front du glacier pour former un énorme remblai : la *moraine
frontale*. Quand deux glaciers ou deux branches de glacier se
rejoignent, la moraine latérale droite de l'un et la moraine
latérale gauche de l'autre se réunissent pour former une
moraine médiane (fig. 15).

Les blocs ainsi transportés par les glaciers sont dits *erratiques*[1]. Ils peuvent atteindre des dimensions colossales.

Les glaciers rabotent le fond et le flanc des vallées qui leur
servent de lit. Les pierres dures, enchâssées dans la glace,
broient, sillonnent et même polissent les roches encaissantes.

Le produit de ce broyage, de cette trituration est une vase.
ou *boue glaciaire*, qui est entraînée par l'eau de fusion du

[1] Du latin *errare*, s'égarer.

glacier. Les pierres ayant servi de burins se sont usées elles-mêmes en usant le lit du glacier ; elles sont aussi recouvertes de stries. Ces *cailloux striés* sont très caractéristiques des formations glaciaires (fig. 16).

21. *Glaciers polaires*. — Dans les contrées boréales, où la température est plus basse, les glaciers sont bien plus développés que dans nos montagnes ; ils peuvent se réunir et former une véritable nappe s'étendant jusqu'à la mer (fig. 17). Le Groenland est presque entièrement recouvert par une telle calotte glaciaire qui a reçu le nom d'*inland-sis* ([1]) et qui n'a pas moins de deux millions de kilomètres carrés.

Fig. 17. - Glacier polaire se terminant dans la mer (Groenland).

Fig. 18. - Vue d'un iceberg.

Quand les glaciers des contrées polaires pénètrent dans la mer, leur extrémité, ne reposant plus sur le sol, se brise et se débite en portions qui, devenues libres, flottent à la surface de la mer au gré des courants. Ce sont les *ice-bergs* ([2]). La partie qui s'élève au-dessus des vagues ne représente qu'une faible fraction du volume total de l'iceberg (fig. 18). Pour s'en convaincre, il suffit de regarder un morceau de glace dans un verre : la partie immergée est environ 7 fois plus grande que la partie hors de l'eau. On a vu des icebergs qui

([1]) Mot d'origine scandinave.
([2]) De l'anglais *ice*, glace, et de l'allemand *berg*, montagne : montagne de glace.

devaient avoir 1000 mètres de la base au sommet. Les ice-
bergs de 300 mètres d'épaisseur sont très fréquents.

Ces glaces flottantes, redoutées des navigateurs, ne fondent
que peu à peu, à la longue; on en rencontre à plusieurs centaines de kilomètres de distance des glaciers qui leur ont
donné naissance.

22. **Résumé**. — L'eau tombe du ciel à l'état de neige ou à
l'état de pluie.

Sur les montagnes, au-dessous d'une certaine altitude, qui est la
limite des neiges perpétuelles, il tombe chaque année plus de neige
qu'il n'en fond. Cette neige gagne les régions inférieures de deux
façons : par les *avalanches*, ou chutes brusques de grands paquets
de neige, et par les *glaciers*.

La neige des cimes, comprimée par son propre poids, se transforme d'abord en névé, puis en une masse de glace, le glacier.

Les glaciers se meuvent comme des cours d'eau dont la vitesse
serait très lente. De leur extrémité sort un *torrent glaciaire*.

Les glaciers modifient la topographie des montagnes, car ils transportent dans les régions basses les matériaux éboulés des hautes
cimes ; ces *blocs erratiques* se disposent en traînées qui sont les
moraines latérales et *médianes* et qui forment, en avant de l'extrémité du glacier, des moraines *frontales*.

De plus, ils rabotent les rochers, les couvrent de stries et produisent une *boue glaciaire*.

Dans les contrées polaires, les glaciers, extraordinairement développés, se fusionnent en vastes *inlandsis*, qui arrivent jusqu'à la
mer et donnent, en se fracturant, des glaces flottantes ou *icebergs*.

CHAPITRE III

LA PLUIE. — EAU DE PÉNÉTRATION

23. *Rôle géologique de la pluie*. — Comme l'air humide, mais d'une façon encore plus intense, la pluie désagrège, décompose, dissout les roches, à cause de l'oxygène et de l'acide carbonique qu'elle tient en dissolution.

Elle a de plus un rôle mécanique ; chaque goutte projetée sur une surface déjà attaquée débarrasse cette surface des produits d'altération et remet la roche à vif. Tout le monde sait que les blocs de pierre exposés longtemps à la pluie finissent par perdre leurs arêtes vives ; l'action d'une goutte d'eau répétée des milliers de fois creuse un trou dans les roches les plus dures.

Si les diverses parties d'un même terrain ou d'un même bloc offrent des résistances différentes, l'usure se fait inégalement et parfois de la façon la plus pittoresque. L'étonnant chaos de rochers si bizarrement sculptés de Montpellier-le-Vieux, dans l'Aveyron, n'a pas d'autre origine (fig. 19).

24. *Ce que devient la pluie*. — Pour savoir ce que devient la pluie, voyons ce qui se passe dans la campagne au cours d'un orage. Avant l'averse, le sol est meuble, les roches sont échauffées par le soleil, les fossés des chemins sont à sec, la rivière voisine est basse.

Si la pluie tombe en abondance, l'eau ne tarde pas à ruisseler en d'innombrables petits filets qui suivent les pentes, se réunissent pour former des filets plus volumineux, lesquels gagnent le ruisseau le plus voisin pour se rendre à la rivière, laquelle, finalement, se jette dans la mer. Ainsi, *une première partie de l'eau de pluie ruisselle à la surface du sol, va grossir les rivières, et par elles, retourne à la mer.*

La pluie a cessé; la terre, les roches, les plantes sont maintenant recouvertes d'une mince couche d'eau. Mais le soleil reparaît; sous son influence, cette couche superficielle s'évapore et retourne dans l'atmosphère : donc *une deuxième partie de l'eau de pluie s'évapore.*

Faisons maintenant un trou dans la terre, tout à l'heure complètement desséchée; nous constatons qu'elle est imbibée d'eau comme une éponge mouillée.

Fig. 19. — Un des rochers de Montpellier le Vieux : la porte de Mycènes.

Une troisième partie de l'eau de pluie pénètre donc dans le sol.

Il nous faut étudier plus attentivement le phénomène de pénétration de l'eau dans le sol et le phénomène de ruissellement.

25. Eau de pénétration. Roches perméables et imperméables. — L'eau qui pénètre dans la terre ne se perd pas. Tout comme l'eau qui ruisselle à la surface, elle se rend à la mer. La seule différence, c'est qu'elle prend un autre chemin.

Pour que l'eau puisse pénétrer dans l'intérieur des roches, il faut que ces roches présentent des vides ou des interstices qui lui servent de passage. A cet égard, on les divise en deux catégories : les roches *perméables* et les roches *imperméables*.

Les *sables* fournissent les meilleurs exemples de roches perméables; ils sont formés par des grains de grosseur à peu près uniforme, qui ne se touchent que par quelques points et laissent entre eux de nombreux vides permettant à l'eau de circuler facilement (fig. 20). Aussi les sols sableux, qui ne peuvent retenir l'eau, sont-ils des terrains essentiellement secs.

Les *argiles*, formées par des particules très fines, très rapprochées les unes des autres, ne laissant pas entre elles de vides appréciables (fig. 21). sont, au contraire, des roches imperméables. Aussi les sols argileux sont-ils toujours humides ; ils restent longtemps détrempés après les pluies ;

Fig. 20. — Structure d'un sable.   Fig. 21. — Structure d'une argile.   Fig. 22. — Structure d'une roche compacte fissurée.

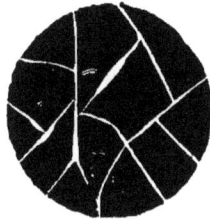

sur les territoires argileux, les chemins sont sillonnés d'ornières fangeuses.

Des roches dures, compactes, ayant leurs particules également très serrées, comme le granite, les calcaires, sont cependant perméables, mais d'une autre manière. Ici, l'infiltration se fait par des fissures ou des cassures qui traversent la roche dans tous les sens (fig. 22).

En réalité, les roches sont toutes plus ou moins perméables. Les unes le sont beaucoup, comme les sables ; les autres le sont extrêmement peu, comme les argiles ; mais à la longue elles se laissent toutes pénétrer. Quand on extrait des pierres de taille de la carrière, elles sont plus lourdes que lorsqu'elles sont restées exposées à l'air. C'est parce qu'elles renferment de l'*eau de carrière* qu'elles perdent ensuite par l'évaporation.

26. Puits. — Le sol et le sous-sol peuvent donc être comparés à une sorte d'éponge gigantesque retenant de l'eau dans tous ses pores. Si l'on vient à creuser un trou, c'est-à-dire à produire une cavité dans cette masse imprégnée d'eau, on ne tarde pas à voir le liquide obéir aux lois de la pesanteur, suinter par tous les vides, toutes les fissures, ruisseler sur les parois de l'excavation et se réunir dans le fond du trou.

On a créé ainsi une sorte de réservoir artificiel où l'eau s'accumulera si le fond est étanche, c'est-à-dire imperméable. C'est ce qu'on appelle un *puits*.

27. Sources. — Ce que l'homme produit artificiellement existe aussi dans la nature. Les roches présentent des joints,

Fig. 25. — Coupe géologique pour expliquer l'origine des sources.

des fissures plus ou moins larges, parfois même de véritables cavités où les eaux de pénétration se rassemblent. Si ces fissures, ces joints, ces cavités, viennent s'ouvrir à l'extérieur sur un point bas, l'eau, trouvant une issue, en profite pour s'épancher au dehors en formant une *source*.

Les sources peuvent avoir des origines plus ou moins profondes. Supposons, par exemple, que dans un pays il y ait des couches de nature différente, alternativement perméables et imperméables. L'eau qui tombe sur le plateau (fig. 25) pénètre facilement dans la couche perméable, et, comme elle tend toujours à descendre, elle ne tarde pas à arriver à la partie inférieure de cette couche. Là, elle rencontre la roche imperméable qui la retient et lui permet de s'accumuler pour former une *nappe aquifère*. Comme le fond de la vallée est situé à un niveau inférieur, les eaux de cette nappe tendront à s'échapper aux points de contact des deux couches

dans la vallée et cette ligne de jonction sera jalonnée par des
sources. L'origine de celles-ci est donc assez superficielle.

Mais des cas se présentent où l'eau revient à la surface de
la terre après avoir effectué un voyage plus long et surtout
plus profond. Supposons un pays formé par des roches compactes, très dures, mais fissurées comme du granite (fig. 24).

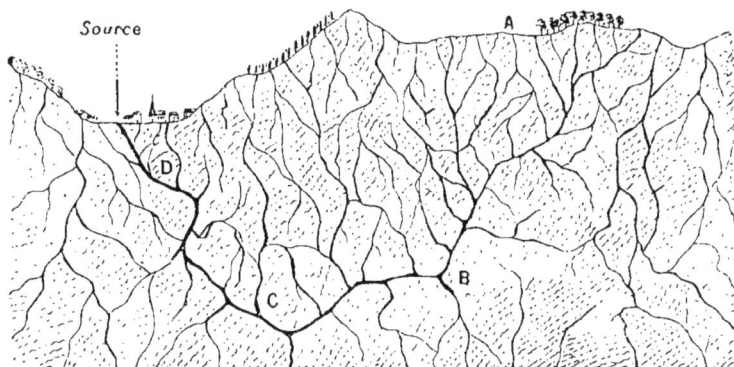

Fig. 24. — Dessin théorique montrant l'origine profonde d'une source.

L'eau tombant sur les parties élevées (A) pénétrera dans les
fissures, tendra à descendre toujours plus bas et à se réunir
dans les canaux les plus larges (B C). Elle pourra ainsi
s'enfoncer à plusieurs centaines ou milliers de mètres de
profondeur jusqu'au moment où, le canal venant à s'obstruer ou
à prendre une direction différente (C D), elle sera forcée, par
les pressions qu'elle supporte, à remonter par d'autres
fissures. Celles-ci, s'ouvrant à l'extérieur dans les vallées, y
forment des sources dites *jaillissantes* parce que la sortie de
l'eau s'effectue avec une certaine violence due à la pression
qui la pousse.

28. *Puits artésiens.* — Parfois de grandes nappes aqui-
fères se trouvent emprisonnées à des profondeurs considérables, entre deux couches imperméables ou simplement
au-dessous d'une couche imperméable (fig. 25). Si ces
couches sont inclinées, et si, par un moyen artificiel, en

creusant un puits suffisamment profond, on ouvre une issue

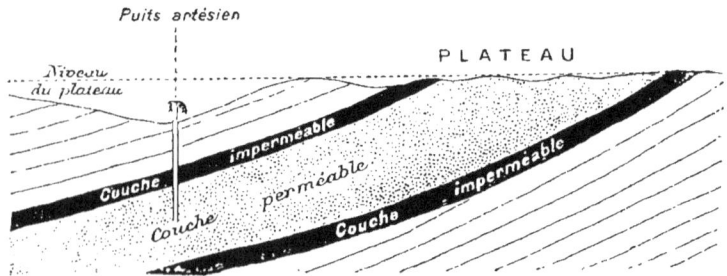

Fig. 25. — Dessin théorique d'un puits artésien.

aux eaux, celles-ci, poussées par tout leur poids, en profite-
ront pour jaillir au dehors comme dans le cas précédent. Ces

Fig. 26. — Puits artésien de Sidi-Sliman
(Algérie).

sortes de puits sont dits *artésiens*, parce que c'est dans l'Artois qu'ils ont d'abord été creusés en France, mais ils étaient connus des anciens Égyptiens.

A Paris, les puits artésiens de Grenelle et de Passy ont été creusés à 548 et 580 mètres de profondeur, jusqu'à la rencontre d'une couche de sables verts qui affleure en Champagne, sur des plateaux d'altitude plus considérable que celle de la ville de Paris.

Dans le Sahara algérien, les puits artésiens sont aujourd'hui nombreux (fig. 26) ; ils ont permis de créer ou d'améliorer de nombreuses oasis.

29. *Travail de l'eau souterraine.* — *Sources miné-*
rales. — En circulant entre les particules ou dans les fissures
des roches, l'eau de pluie ne reste pas inactive ; elle attaque
les roches profondes et leur enlève une partie de leur substance.

Tandis, en effet, que l'eau de pluie, au moment de sa chute,
est à peu près pure, l'eau de source, c'est-à-dire l'eau de pluie
qui a passé à travers les roches, renferme toujours diverses
substances en dissolution. Quand elle a circulé à travers des
roches calcaires, elle renferme du calcaire : elle est salée, si
elle a trouvé du sel gemme sur son parcours ; elle est ferru-
gineuse, si elle a rencontré des minerais de fer, etc.

Les eaux particulièrement riches en substances étrangères,
empruntées aux roches qu'elles ont traversées, sont dites *mi-*
nérales. Les sources minérales ont, en général, une origine
plus profonde que les sources ordinaires.

30. *Cavernes.* — *Cours d'eau souterrains.* — En circulant dans les calcaires, les eaux souterraines élargissent les
fissures de ces roches et produisent des vides de grandes
dimensions, les *cavernes*, qui s'ouvrent au dehors par des
orifices plus ou moins vastes. Dans ces cavernes, les eaux
d'infiltration se rassemblent et forment parfois de véritables
cours d'eau souterrains, qui se déversent à l'extérieur en
fontaines puissantes, dites *vauclusiennes*, du nom de la célèbre
source du Vaucluse qui a cette origine.

Il y a en France, dans la Lozère, l'Aveyron, le Lot, de
grands plateaux calcaires qu'on appelle des *causses* (d'un mot
patois qui veut dire *chaux, terre calcaire*). Ces plateaux, très
fissurés, absorbent les pluies avec facilité. L'eau circule au sein
des couches, les affouille, les dissout, élargit les cavités souterraines qui forment un véritable réseau dans l'intérieur des
causses, et finit par se faire jour au fond des gorges pittoresques où les grands cours d'eau de la région, le Lot, le Tarn,
se sont creusé leur lit (fig. 27).

Si une de ces cavités souterraines a son plafond près de la
surface extérieure du sol, ce plafond s'amincit peu à peu et

finit par s'écrouler. Il se produit alors un gouffre béant, un abîme comme le puits de Padirac (Lot) (fig. 28 et 29).

Quand un cours d'eau extérieur rencontre un de ces gouffres ou bien l'entrée d'une caverne, il s'y précipite et, après un parcours souterrain plus ou moins long, il revoit la lumière

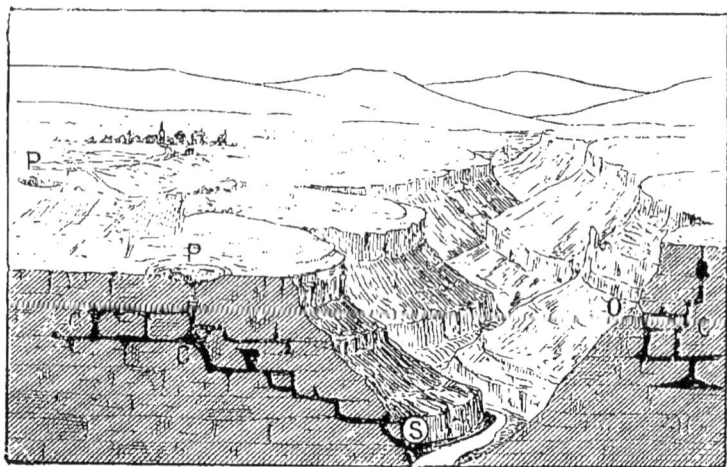

Fig. 27. — Dessin et coupe théoriques d'un plateau coupé par une gorge profonde. Les couches calcaires présentent de nombreuses cavernes C. Au point O se voit l'ouverture extérieure d'une de ces cavernes. En P, puits ou gouffres verticaux ouverts à la surface du plateau. Les eaux qui ont circulé dans les cavernes peuvent sortir en S pour former une source vauclusienne.

du jour. La caverne de Padirac renferme une rivière souterraine sur laquelle les touristes peuvent circuler en barque (fig. 30).

51. *Stalactites et stalagmites.* — Les cavernes sont ordinairement très pittoresques à cause des *stalactites* et des *stalagmites* qu'elles renferment. Ces noms désignent des masses de roches blanches, cristallines, translucides, formées par du calcaire pur ou carbonate de chaux et présentant les formes les plus variées, d'obélisques, de colonnes, de vasques, de draperies, s'élevant du plancher de la grotte ou comme suspendues au plafond.

Ces curieux accidents sont encore dus à l'action des eaux

Fig. 28. — Le puits
de Padirac vu de
l'extérieur.

souterraines. Cel-
les-ci n'arrivent à
suinter sur les
parois des caver-
nes qu'après avoir
traversé les cou-
ches calcaires qui
les séparent de la
surface extérieure
du pays et s'être
chargées de carbo-
nate de chaux. En
revenant à l'air et
en s'évaporant,
l'eau doit laisser
une partie de ce
calcaire se dépo-
ser ; chaque goutte
qui suinte aban-

Fig. 29. — Le puits
de Padirac vu
du fond.

Fig. 30. — La rivière souterraine de Padirac.

donne, sur le point de la voûte d'où elle se détache, un très
mince dépôt qui va s'épaississant au fur et à mesure qu'aug-

mente le nombre de gouttes. Ce dépôt forme bientôt un petit cône qui s'allonge et devient une *stalactite* ([1]). Comme la

goutte n'a pas eu le temps d'abandonner tout le calcaire qu'elle tenait en dissolution et qu'elle tombe sur le sol, elle produit, sur le plancher de la grotte, un nouveau dépôt qui s'accroît comme le premier, mais en sens inverse, et forme un nouveau cône dont la pointe est tournée vers le haut : c'est une *stalagmite* ([2]). A la longue, les deux cônes peuvent se rejoindre pour former une colonne. La figure 51 montre une stalactite et une stalagmite sur le point de se rejoindre.

Ordinairement le sol entier des cavernes est recouvert d'une couche de stalagmite.

52. Résumé. — La pluie qui tombe sur la terre se divise en trois parties :

1° Une partie *s'évapore* et retourne dans l'atmosphère ;

2° Une deuxième partie *pénètre dans le sol*;

3° Une troisième partie *ruisselle* à la surface.

L'eau de ruissellement et l'eau de pénétration se rendent à la mer,

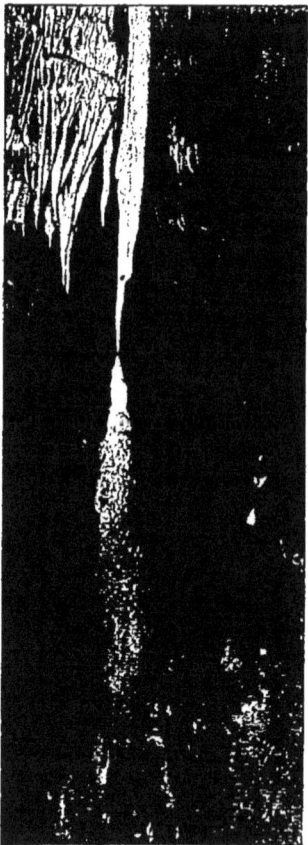

Fig. 51. — Stalactite et stalagmite de la caverne de Dargilan (Lozère).

mais elles prennent des chemins différents.

Toutes les roches ne se laissent pas également pénétrer par l'eau. Parmi les roches tendres, certaines, comme les sables, sont très *perméables*; d'autres, comme les argiles, sont à peu près *imper-*

[1] Du grec *stalaktos*, qui dégoutte.
[2] Du grec *stalagmos*, filtration.

méables. Les roches dures ou compactes, comme le granite, le calcaire, sont traversées par des fissures qui les rendent également perméables.

Après avoir circulé dans l'intérieur de la terre, l'eau peut revenir à l'air en formant des *sources*.

Dans son trajet souterrain, cette eau attaque les roches et leur enlève une partie de leur substance. Elle élargit les fissures des calcaires et y creuse des *cavernes*, où coule souvent un cours d'eau souterrain.

Par contre, les eaux d'infiltration, en arrivant à l'air, abandonnent une partie du calcaire qu'elles tiennent en dissolution, et le déposent sur les parois des grottes sous forme de *stalactites* et de *stalagmites*.

CHAPITRE IV

EAU DE RUISSELLEMENT. — TORRENTS ET RIVIÈRES

53. *Origine des cours d'eau.* — Les cours d'eau, ruisseaux, rivières ou fleuves, ont une origine multiple :

1° Nous les avons vus, dans les hautes montagnes, sortir du front des glaciers ;

2° Nous savons également que les sources marquent le point de départ de beaucoup de ruisseaux ;

3° Enfin l'eau de pluie qui ne pénètre pas dans la terre

Fig. 52. — Un cours d'eau dans la montagne.

Fig. 55. — Un cours d'eau dans la plaine.

ruisselle pour gagner les points bas où coulent les rivières.

Les phénomènes que présentent les cours d'eau sont très

différents suivant qu'on les considère dans la plaine ou dans la montagne. D'une manière générale, les cours d'eau exercent dans la montagne une œuvre de *destruction* et dans la plaine une œuvre d'*édification* (fig. 52 et 55).

54. *Ruissellement dans la montagne*. — La pluie trouve dans la montagne un écoulement facile à cause de la forte pente du sol. Les gouttes de pluie, en se réunissant, forment de petits filets d'eau qui se ramassent dans tous les creux ou dépressions naturelles. Bientôt le nombre et le volume de ces filets augmentent et, de tous côtés, circulent des *eaux sauvages*, qui vont grossir les ruisseaux voisins.

Ces eaux mettent en mouvement les matériaux désagrégés par les actions atmosphériques. Les petits filets liquides n'entraînent que de la terre ou du menu gravier ; les gros filets, ayant plus

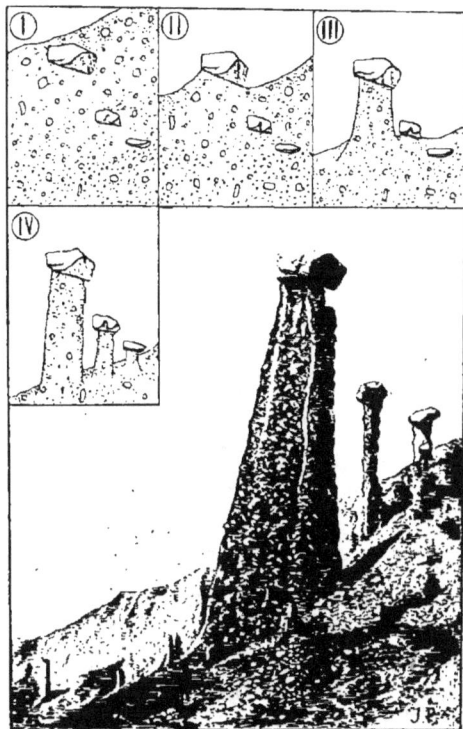

Fig. 54. — Pyramides de fées dans les Hautes-Alpes.

En haut, quatre croquis théoriques montrant la marche progressive du phénomène d'érosion qui a produit les pyramides.

de force, roulent des cailloux; quand les eaux sauvages ont augmenté de volume et que la pente du sol s'y prête, elles entraînent de gros blocs.

C'est le ruissellement qui donne aux sommets des montagnes

on des collines l'aspect dénudé qu'ils ont souvent. Ici de gros arbres montrent leurs racines à nu parce que la pluie les a peu à peu déchaussées en enlevant la terre meuble. Là des chaos de blocs, entassés les uns sur les autres, représentent les parties qui seules ont pu, grâce à leur volume, résister au ruissellement.

Les accidents pittoresques connus sous le nom de *pyramides de fées* (fig. 54) ont une origine analogue. Lorsque la pluie tombe sur un terrain en pente, facile à désagréger et renfermant des blocs de pierres, ceux-ci sont d'abord mis à nu. Chaque bloc reste en saillie sur le sol environnant et, comme il protège la terre qu'il recouvre, il se trouve bientôt supporté par une sorte de pilier. Arrivé à une certaine hauteur, ce piédestal est à son tour démoli par la pluie, il s'écroule et le même phénomène se reproduit pour les blocs enfouis plus profondément.

Fig. 55. — Aigueblanche et le petit torrent du Sécheron (Savoie).

55. Torrents. — Dans la montagne, des pentes abruptes sont souvent disposées en forme d'entonnoir ou de cirque. Les eaux sauvages, au lieu de ruisseler dans toutes les directions, convergent et se rassemblent dans cette dépression naturelle qui est un *bassin de réception*. Elles s'en échappent par un ravin ou *canal d'écoulement* et forment un *torrent* (fig. 35).

Si la masse liquide est considérable et si le canal d'écoulement a une forte pente, le torrent roule avec une vitesse capable d'exercer des effets prodigieux. L'eau laboure le ravin, en défonce les parois et entraîne les matériaux arrachés parmi lesquels se trouvent de gros blocs qui, jouant alors le rôle de projectiles, augmentent encore le pouvoir destructif du torrent.

Quand celui-ci arrive au pied de la montagne ou qu'il débouche dans une plaine, sa pente et, par suite, sa force de transport diminuent brusquement. Les matériaux entraînés s'entassent pour former une sorte de remblai qu'on appelle *cône de déjection*.

Parfois les matériaux transportés : terre, graviers, blocs, sont si abondants, qu'ils forment avec l'eau une véritable boue. Celle-ci s'épanche à la manière d'une coulée volcanique, ce qui l'a fait désigner dans les Alpes sous le nom de *lave*.

Les torrents sont donc des cours d'eau *temporaires*. Ordinairement à sec, ils peuvent, en quelques heures, après de fortes pluies d'orage, rouler, avec une extrême violence, des masses liquides énormes. Un torrent des Alpes ou des Pyrénées peut débiter par seconde une quantité d'eau deux fois plus considérable que la Seine en temps ordinaire.

56. Effets dévastateurs des torrents. — Reboisements. — On conçoit, d'après cela, que les torrents puissent produire de véritables catastrophes. Rien ne résiste à leurs eaux furieuses. Les cultures sont dévastées, les arbres déracinés, les maisons démolies ; les êtres vivants eux-mêmes sont parfois surpris et emportés par le courant.

Les Alpes, les Pyrénées, les Cévennes offrent de trop nombreux exemples de torrents dévastateurs. Dans les Alpes, des districts entiers ont dû être à peu près abandonnés à cause des ravages exercés par les torrents.

C'est en grande partie à l'imprévoyance de l'homme que sont dus ces ravages. Pour tirer un plus grand profit de la montagne, ses habitants coupent les forêts et livrent les pâturages à la dent des moutons et des chèvres ; ils détruisent ainsi le tapis végétal qui les protégeait. Le régime dévastateur des torrents peut s'établir sans entraves.

Le remède consiste à rendre à la montagne son revêtement protecteur ; il faut gazonner et reboiser les parois des bassins de réception. Il faut aussi briser la pente du canal d'écoulement, en élevant, de distance en distance, des sortes de barrages transversaux qui coupent la vitesse du courant. Enfin, on doit fixer les berges au moyen de pieux et de branchages entrelacés, qui retiennent la terre et permettent à la végétation d'en prendre possession.

57. Les rivières; leur travail d'érosion. — Les rivières sont des cours d'eau qui, au contraire des torrents et grâce aux sources qui les alimentent, ne se dessèchent jamais complètement.

Quand les rivières sont basses, leur eau, limpide, coule doucement et ne saurait effectuer un travail mécanique appréciable. Si de grandes pluies tombent, les rivières grossissent. Alors, l'eau coule rapidement ; elle devient trouble parce qu'elle tient en suspension et roule avec elle de la terre et du sable arrachés sur son parcours. Si le courant est très fort et la pente suffisante, des pierres, des quartiers de rocs sont entraînés et nous avons l'exacte répétition des phénomènes torrentiels. A chacune de ses crues, la rivière emporte ainsi des quantités plus ou moins considérables de matériaux qu'elle a prélevés à la montagne. Suivant une expression aussi juste que pittoresque, on peut dire, en voyant couler une telle rivière, que c'est le « convoi de la terre ferme qui passe ».

Les roches les plus dures sont rongées par les courants. Il suffit, pour s'en rendre compte, de considérer les blocs et les cailloux qui encombrent le lit des rivières. Tous ont perdu leurs angles vifs et sont plus ou moins arrondis. Ces *cailloux roulés* sont produits par l'usure résultant des frottements réciproques au cours de leur transport au sein du liquide (fig. 52). Ils constituent eux-mêmes des outils dégradateurs pour le fond rocheux du lit.

Naturellement les roches se laissent entamer et détruire

avec plus ou moins de difficultés, suivant qu'elles sont plus ou moins dures. Dans le lit d'un cours d'eau, les parties planes, ou à faible pente, correspondent à des roches tendres ou faciles à désagréger, les *cascades*, les *rapides* correspondent à des roches dures, que le cours d'eau n'a pas eu le temps d'user complètement et qu'il est obligé de franchir par une série de ressauts brusques.

58. Creusement des vallées. — L'action *érosive* des cours d'eau, s'exerçant perpétuellement, finit par produire des effets prodigieux. La rivière s'enfonce graduellement dans le sol ; son lit s'encaisse chaque jour davantage, tandis que ses berges s'élèvent d'autant. C'est ainsi que se sont creusées peu à peu ces gorges pittoresques qu'admirent les touristes et au fond desquelles les cours d'eau continuent lentement leur œuvre destructive (fig. 56).

Fig. 56. — La gorge du Tarn.

De même, il est facile de voir que les versants opposés d'une vallée sont ordinairement constitués de la même manière et qu'à chaque couche d'un côté correspond exactement la même couche de l'autre côté (fig. 57). Il est évident que ces diverses couches étaient autrefois continues et qu'elles ont été peu à peu tranchées par le cours d'eau, dont le travail peut être comparé à celui d'une scie gigantesque.

Vallons, vallées, ravins, *cañons*, ont même origine. C'est l'eau qui les a creusés, de même que c'est l'eau qui a façonné la plupart des accidents du sol, qui a créé tous les détails de sculpture de la surface terrestre, lesquels donnent au paysage tant de variété et tant de charme.

59. *Les cours d'eau dans la plaine. Alluvions.* — Quand les cours d'eau quittent la montagne, leur vallée s'élar-

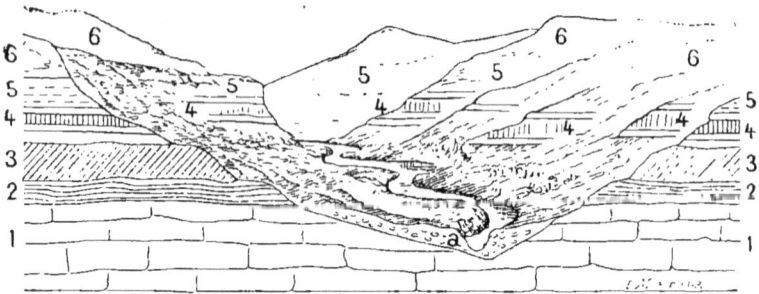

Fig. 57. — Vue et coupe théoriques d'une vallée montrant les diverses couches 1 à 6 se correspondant, à droite et à gauche, sur les deux flancs de la vallée.

git ; leur pente et, par suite, leur force de transport diminuent. Bientôt ils coulent avec lenteur dans une véritable plaine (fig. 55, p. 54). Ils abandonnent alors les matériaux arrachés à la montagne. Ce sont d'abord les cailloux qu'ils sont incapables d'entraîner plus loin, puis, successivement, les graviers, les sables fins, les limons. Ces dépôts se nomment *alluvions*.

En temps ordinaire, un fleuve, dans son cours moyen, par exemple la Seine à Paris, la Loire à Orléans, la Garonne à Toulouse, n'occupe pas toute la largeur de son lit ; il y a, à droite et à gauche du ruban liquide, un espace plus ou moins considérable couvert de limons, de sables ou de cailloux roulés laissés par le fleuve à chaque crue, à chaque inondation. Certains fleuves, comme le Nil, sont soumis à des inondations périodiques.

Si l'on s'écarte davantage, qu'on pénètre dans les champs qui bordent l'espace dont nous venons de parler, on verra que le sol est également formé de sables et de cailloux roulés,

évidemment déposés par le fleuve lors d'inondations exception-
nelles (fig. 58, A, B).

Plus loin encore, on trouve souvent, à des niveaux plus
élevés, des plaines ou *terrasses* T, T', constituées de la même
manière et correspondant à des époques où les eaux du fleuve
coulaient à ces altitudes, avant que la vallée fût creusée à sa
profondeur actuelle.

Ainsi, le travail des cours d'eau dans la plaine est surtout
un travail d'alluvionnement et d'édification. Pourtant, même

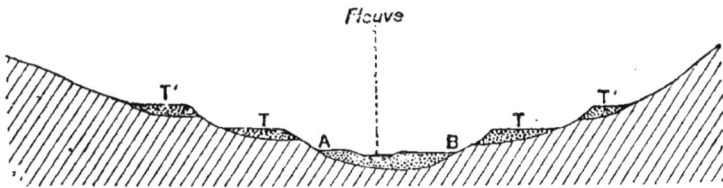

Fig. 58. — Disposition des alluvions anciennes dans le fond et sur les flancs
d'une vallée.

ici, les cours d'eau rongent continuellement leurs berges.
Dans les grandes crues, leur lit se déplace souvent et les dépôts
précédents sont remis en mouvement. De plus, le courant
reste toujours capable d'entraîner de fines particules limo-
neuses jusqu'à la mer.

40. **Deltas et estuaires.** — Quand un fleuve arrive à la
mer, la vitesse de son cours et sa force de transport, déjà
bien réduites comme nous venons de le voir, diminuent encore
plus, ce qui permet aux sables et aux limons tenus en suspension de gagner le fond.

Si celui-ci n'est pas trop profond et que la mer ne soit pas
trop agitée, il s'exhausse peu à peu sur les points où tombent
ces matériaux, au milieu même de l'embouchure du fleuve
(fig. 59, I). Ce premier dépôt oblige le courant à se bifurquer
en deux branches qui, formant de nouveaux dépôts, pourront
se subdiviser à leur tour (fig. 59, II, III). Au bout d'un certain temps, ces sortes de remblais viennent affleurer à la
surface et former des terres nouvelles où serpentent des bran-

ches du fleuve. Ces territoires plats s'appellent des *deltas*, parce qu'ils ont la forme triangulaire de la lettre grecque de ce nom (Δ). La pointe du triangle est tournée vers la terre, la base est tournée vers la mer.

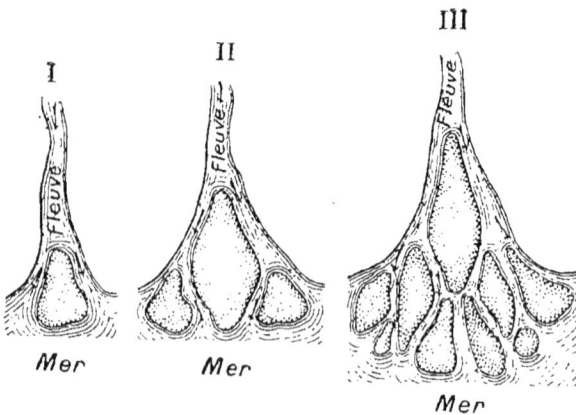

Fig. 39. — Étapes successives de la formation d'un delta (figure théorique).

Les principaux deltas sont : celui du Nil, bien connu de toute antiquité et dont le dessin est des plus régulier (fig. 40); celui du Rhône, dont les branches limitent la Camargue, toute parsemée d'étangs; celui du Pô, qui, chaque année, s'avance de 70 mètres et conquiert 115 hectares; celui du Mississipi, qui n'a pas moins de 500 kilomètres de longueur.

Si, au contraire, la mer est agitée par des marées et que sa profondeur soit considérable, les matériaux apportés par le fleuve sont constamment brassés et dispersés par les courants. Alors l'embouchure du fleu-

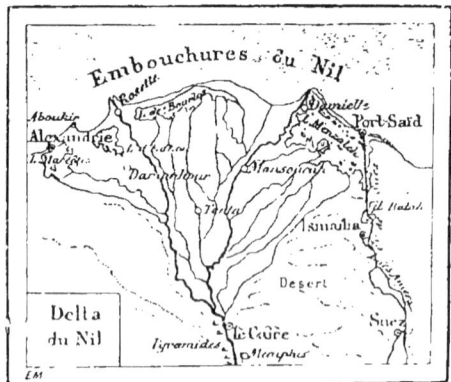

Fig. 40. — Delta du Nil.

ve, ordinairement très large, forme un *estuaire*. La Seine, la Gironde ont des estuaires. Souvent l'entrée des estuaires est en partie obstruée par des hauts fonds de sables et de limons

disposés transversalement et qui rendent la navigation diffi-
cile. Ce sont les *barres*.

Enfin, toutes les substances enlevées par les cours d'eau à
la terre ferme ne sont pas employées à l'édification des deltas
et des barres. Les particules les plus fines et aussi les matières en dissolution sont entraînées plus loin dans la mer. Nous
allons voir ce qu'elles deviennent.

41. Résumé. — L'eau qui ruisselle contribue, avec les sources,
à créer les *cours d'eau* dont le rôle géologique est des plus considérable. D'une manière générale, les cours d'eau accomplissent
dans la montagne une *œuvre de destruction* ; dans la plaine, une
œuvre d'édification.

Dans la montagne, l'eau qui ruisselle sur de fortes pentes dénude
les sommets et entraîne les matériaux meubles. Elle forme des
torrents dont les effets destructeurs sont parfois prodigieux et qui
édifient, au pied des montagnes, des *cônes de déjection*.

Les torrents sont des cours d'eau temporaires, tantôt roulant d'é-
normes masses de liquide, tantôt complètement à sec. Les *rivières*
ont un débit plus régulier. D'ailleurs, elles peuvent aussi avoir des
crues torrentielles. Même dans leur état normal, elles rongent leurs
berges, approfondissent leur lit et emportent, soit à l'état de particules plus ou moins volumineuses, soit à l'état de dissolution, une
quantité plus ou moins considérable de matériaux empruntés aux
terrains qu'elles ont traversés. Elles arrivent ainsi à creuser des
vallées profondes.

Ce travail d'érosion a une importance capitale au point de vue
géologique. *Les cours d'eau sont les plus puissants agents de démolition des continents.*

Dans la plaine, au contraire, la force de transport des cours d'eau
diminue comme leur vitesse, de sorte qu'ils abandonnent les matériaux arrachés à la montagne et déposent des *alluvions*.

Arrivés à la mer, les fleuves peuvent, dans certaines conditions,
augmenter l'étendue de la terre ferme en édifiant des *deltas*.

CHAPITRE V

LA MER ET LES SÉDIMENTS

42. *Mouvements de la mer*. — Comme l'atmosphère, comme les cours d'eau, la mer a une double fonction géologique : elle accomplit d'un côté une œuvre de *destruction* et, d'un autre côté, une œuvre d'*édification*. D'une part, elle *diminue* les continents ; d'autre part, elle les *augmente*.

La mer est soumise à divers mouvements. Sa surface est toujours plus ou moins agitée par le vent : tantôt ce ne sont que de simples rides ; d'autres fois, ce sont des ondulations plus importantes, ou *vagues* qui, par les tempêtes, peuvent dépasser 15 mètres de hauteur.

Dans les océans, le niveau de l'eau n'est pas fixe ; il monte et descend chaque jour avec régularité ; c'est le phénomène des marées. Au moment du *flux* ou du *flot*, la mer s'avance sur le rivage, elle devient *haute* : au moment du *reflux* ou *jusant*, la mer se retire, elle devient *basse* ; puis le flux recommence et ainsi de suite.

Enfin, la mer est parcourue par des courants de directions constantes, les uns allant des régions froides vers les régions chaudes, les autres circulant en sens inverse.

43. *Action destructive de la mer*. — La mer, toujours en mouvement, est aussi toujours en travail. Tout le monde connaît les désastres occasionnés par les tempêtes ; non seulement les travaux humains, digues, jetées, sont emportés, les vaisseaux désemparés et poussés à la côte, mais encore la côte elle-même est démolie par les vagues.

Celles-ci se ruent à l'assaut des murailles rocheuses ou falaises. Projetées avec une force prodigieuse et un bruit de tonnerre, elles se succèdent sans relâche pour frapper les assises, les ébranler, pénétrer dans leurs joints, les disloquer et abattre des quartiers de roches qui, battus à leur tour par des vagues nouvelles, sont débités en morceaux plus petits. Les blocs ainsi produits sont repris par les flots et lancés contre la falaise, comme autant de projectiles qui continuent l'œuvre de démolition. En même temps, les plus durs de ces cailloux, roulés par les vagues, frottés les uns contre les autres, usent leurs angles, s'arrondissent et se transforment en *galets* ;

Fig. 11. — L'*Aiguille* et la *Porte* des falaises d'Étretat (Seine Inférieure).

d'autres se réduisent en fragments plus petits, en un sable plus ou moins grossier.

Ce que font les grandes vagues, en temps de tempête, est exceptionnel ; mais, en temps normal, tous les jours, par le simple jeu des marées et des vagues ordinaires, la mer travaille lentement et sans relâche à son œuvre de destruction. Naturellement cette destruction s'opère d'autant plus vite que les roches offrent moins de résistance. Le long d'une côte, les caps correspondent ordinairement à des roches dures et les golfes à des roches tendres.

Ce travail de démolition donne parfois aux falaises l'aspect pittoresque de véritables ruines. Ici, ce sont des piliers de roches qui, ayant résisté plus que leurs voisines, s'élèvent comme des témoins d'un ancien état de choses (fig. 41); là, c'est une roche percée à jour; plus loin une caverne où les eaux s'engouffrent pour miner les parties profondes.

Cette démolition de la terre ferme par la mer peut s'effectuer assez rapidement. On a vu, près du Havre, des falaises s'écrouler d'un seul coup sur 400 mètres de longueur et 15 mètres de hauteur. En certains points, le sol français a perdu 1400 mètres depuis le ıve siècle.

44. *Action édificatrice de la mer*. — Si, sur certains points, la mer ronge et diminue les continents, elle les agrandit sur d'autres points où elle porte les débris qu'elle a pris aux premiers.

De plus, nous savons que les fleuves déversent dans la mer une quantité énorme de matériaux empruntés aux continents. Ces substances ne peuvent rester indéfiniment en suspension dans l'eau; elles finissent par descendre au fond de la mer où elles s'accumulent sar des épaisseurs considérables. De sorte que l'action édificatrice de la mer est beaucoup plus considérable que son action destructive, quelque importante que celle-ci nous apparaisse.

45. **Formations littorales**. — Les dépôts qui se forment dans la mer diffèrent suivant la profondeur. L'action des vagues est, en effet, toute superficielle et ne peut jouer un rôle dans la formation des dépôts que le long du rivage. Là, les flots et les courants ont assez de force pour agiter perpétuellement les galets, les user les uns contre les autres et, sur les plages basses, les disposer en traînées parallèles à la côte. Ce sont les *cordons littoraux* (fig. 42).

Un peu plus loin dans la mer, c'est-à-dire à une profondeur un peu plus considérable, les vagues exercent leur action sur des éléments moins volumineux. Chaque flot déplace une certaine quantité de sable qu'il pousse en avant vers les terres, et qu'il n'a plus la force de ramener avec lui quand il se retire.

Parfois, par suite de circonstances favorables, il se forme une *barre*, sorte de barrière sableuse qui sépare la haute mer d'une *lagune* où l'eau est peu profonde (fig. 43). Si cette barre

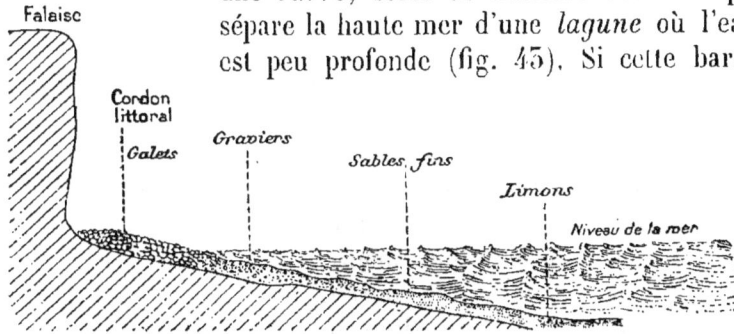

Fig. 42. — Croquis montrant les dépôts marins qui s'effectuent à des distances diverses du rivage.

finit par émerger, la lagune n'a plus de communication avec la mer ; ses eaux s'évaporent, la végétation s'empare du sol desséché. Ainsi peuvent se former des dépôts qui, empiétant peu à peu sur le domaine maritime, augmentent au contraire l'étendue des continents.

Au fur et à mesure qu'on s'éloigne du rivage pour aller vers la haute mer, les sables deviennent de plus en plus fins. Bientôt, l'eau ne peut tenir en suspension que les plus ténus des maté-

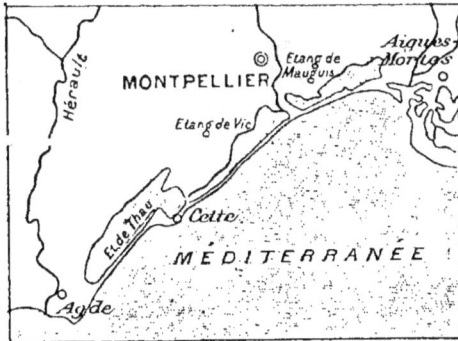

Fig. 43. — Les étangs des environs de Cette et de Montpellier sont des lagunes.

riaux provenant de la démolition des côtes ou de l'apport des fleuves. Ces fines particules elles-mêmes ne tardent pas à se déposer pour former des *boues* ou des *vases argileuses*.

Ces dépôts marins : galets et cordons littoraux, graviers et sables, boues ou vases argileuses, proviennent uniquement de la démolition des continents. Ils forment, autour de ces derniers, une bordure *littorale* dont la largeur ne dépasse guère 500 kilomètres.

46. Dépôts profonds. — On ignorait naguère ce qui se passe dans les régions encore plus éloignées du rivage, c'est-à-dire encore plus profondes. Les explorations sous-marines de ces dernières années nous l'ont appris. Avec des dragues, on a pu recueillir, jusqu'à 8000 mètres de profondeur, des échantillons des roches qui constituent le fond de la mer.

L'étude de ces échantillons montre que, loin des côtes, là où l'action des vagues et des courants ne se fait plus sentir, les produits de la démolition des continents ne se rencontrent plus. Les dépôts qui s'y forment ont une tout autre origine. Ce sont d'abord des accumulations de coquilles de petits animaux ; nous les étudierons plus tard. Ce sont, en outre, des vases calcaires, des dépôts d'origine chimique, des précipités de substances tenues en dissolution dans l'eau de la mer.

Enfin, les plus grands fonds sont tapissés par une sorte d'argile rouge composée de cendres volcaniques très fines, transportées par les vents et qui ont pu flotter sur de grandes étendues avant de descendre dans ces abîmes.

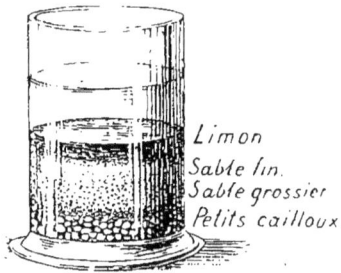

Fig. 44. — Vase dans lequel on a introduit, avec de l'eau, un mélange de terre et de petits cailloux. Au bout d'un certain temps, les divers éléments se sont disposés en couches superposées.

47. Sédiments. — Tous les dépôts formés au sein des eaux, soit dans la mer, soit dans les lacs, soit dans les rivières, sont appelés *sédiments* parce qu'ils rappellent par leurs dispositions les précipités qui se forment dans un liquide, au fond d'un vase (fig. 44). Ces dépôts, variant de caractères suivant la violence de la cause qui les a formés, se disposent en couches ou *strates*. A la longue, l'épaisseur de ces couches devient très considérable.

Comme, au fur et à mesure qu'elles s'entassent, elles sont comprimées par le poids des couches supérieures, elles prennent une compacité et une solidité telles qu'elles finissent par former de véritables roches, de tous points identiques à celles dont se composent les continents. Ces dernières ont été nommées, pour cette raison, roches *sédimentaires* ou *stratifiées*. Elles forment, par leur continuité, des terrains qu'on distingue également sous le nom de *terrains sédimentaires* ou de *terrains stratifiés*.

48. Fossiles. — Quand, à la suite d'une forte crue, un cours d'eau inonde les terres voisines, il entraîne des plantes,

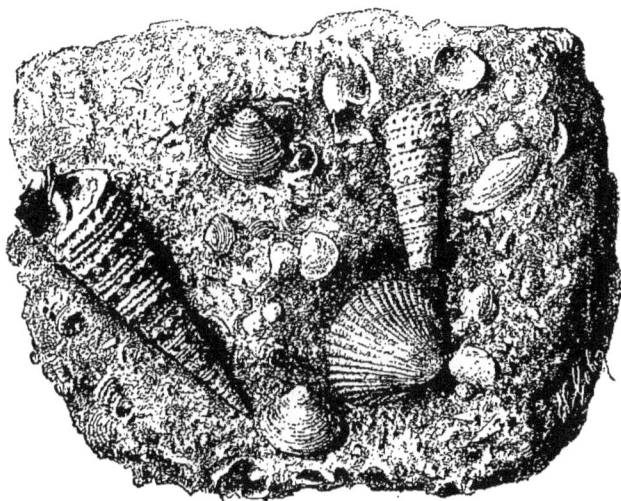

Fig. 45. — Morceau de grès des environs de Paris renfermant des coquilles fossiles.

des coquilles, des insectes, des cadavres d'animaux. Tous ces objets, après avoir flotté un certain temps, finissent, quand les courants s'apaisent, par gagner le fond et s'y déposer avec les graviers, les argiles, etc. De même, les animaux marins protégés par une enveloppe solide, les Mollusques, les Crustacés, etc., ou ceux qui possèdent un squelette, comme les Poissons, échouent tôt ou tard, après leur mort, sur des fonds où les progrès de la sédimentation ne tardent pas à les ensevelir sous de nouveaux apports. Ces ossements, ces coquilles, ces plantes, pourront ainsi échapper à la destruction et se conserver indéfiniment au sein des roches contemporaines de leur dépôt ; ils deviendront des *fossiles* (¹) (fig. 45).

L'étude des fossiles forme une branche spéciale de la science qu'on appelle la *Paléontologie* (²). Elle nous fait connaître les animaux et les plantes qui se sont succédé à la surface de notre planète au cours de son histoire. Elle nous permet de distinguer les roches qui ont été formées dans des eaux douces de celles qui se sont formées dans la mer, car les coquilles des lacs ou des fleuves sont différentes des coquilles marines. Enfin, elle nous fournit le moyen, nous le verrons plus tard, de classer les terrains et de fixer leur âge relatif.

49. **Résumé**. — Comme l'atmosphère et comme les cours d'eau, la *mer* a une double fonction géologique : d'une part, elle tend à détruire ou à *diminuer* les continents ; d'autre part, elle tend à les *augmenter*.

La mer, toujours en mouvement, est aussi toujours en travail. Sur certains points, elle *démolit* les falaises qui la bordent et gagne peu à peu sur la terre ferme.

Ailleurs, au contraire, elle *transporte* les produits de cette démolition et augmente l'étendue des continents, en déposant, sur des points de plus en plus éloignés du rivage, d'abord des amas de *galets* ou *cordons littoraux*, puis des couches de *graviers* ou de *sables*, puis des *limons*. Enfin, les matériaux les plus ténus, charriés par les fleuves, ne restent pas indéfiniment en suspension ; ils finissent aussi par se déposer au fond de l'eau.

Tous ces dépôts se nomment des *sédiments*. Ils sont identiques aux roches *sédimentaires* ou *stratifiées* qui entrent dans la constitution de l'écorce terrestre et qui ont la même origine.

Les parties dures des corps des végétaux ou des animaux morts, entraînés par les eaux et enfouis au milieu des sédiments, peuvent s'y conserver et devenir des *fossiles*. La science qui a pour but l'étude des fossiles se nomme la *Paléontologie*.

(¹) Du latin *fossilis*, enfoui.
(²) De plusieurs mots grecs qui veulent dire : *Discours sur les êtres anciens*.

CHAPITRE VI

ACTION DES ÊTRES VIVANTS

50. Les êtres vivants, plantes ou animaux, produisent aussi des changements à la surface de la terre. D'un côté, ils empruntent au sol les substances nécessaires à leur vie et à l'accroissement de leur corps. D'un autre côté, une fois morts, ils peuvent, par l'accumulation de leurs dépouilles, former de véritables terrains.

51. *Action des végétaux. Origine des combustibles minéraux.* — L'action géologique des plantes est multiple. En enfonçant leurs racines dans le sol, elles contribuent à le désagréger et facilitent ainsi l'action des agents atmosphériques.

Nous avons vu, à propos des torrents et des dunes, que les végétaux peuvent, par contre, jouer un rôle protecteur. Mais c'est surtout par l'accumulation de leurs dépouilles que les végétaux se signalent à l'attention du géologue.

Dans les contrées froides ou tempérées, il y a des marécages où croissent des plantes variées, notamment certaines espèces de Mousses. Les tiges de ces plantes meurent par la base au fur et à mesure qu'elles s'allongent par leur sommet. Les parties mortes forment, avec les débris des autres végétaux du marécage, un tissu spongieux qui se décompose et se transforme peu à peu en une substance brune qu'on appelle *tourbe* et qui sert de combustible. De tels marécages sont des *tourbières*.

Ailleurs, de grands fleuves, comme le Mississipi, transportent des troncs d'arbres et toutes sortes de détritus végétaux qui s'entassent aux embouchures. Ainsi se forment de véritables *alluvions végétales*, qui se transforment peu à peu en matières charbonneuses.

Il y a des terrains particulièrement riches en combustibles minéraux dont l'importance, au point de vue de la civilisation, est de tout premier ordre. Les *lignites*([1]), les *houilles*, les *anthracites* ([2]) doivent leur origine à des phénomènes analogues à ceux qui se passent aujourd'hui sous nos yeux. Ce sont des charbons d'autant plus purs qu'ils représentent des alluvions végétales plus anciennes. Le microscope permet ordinairement de reconnaître, dans ces charbons fossiles ou minéraux, les traces des cellules, des vaisseaux, des fibres des plantes qui leur ont donné naissance. Dans les mines de houille on rencontre parfois des troncs d'arbres debout et bien conservés (fig. 46).

Fig. 46. — Tronc d'arbre fossile dans une mine de houille à Saint-Étienne.

52. Dépôts formés actuellement par des animaux marins. — Beaucoup d'animaux marins ont leurs corps protégés par des revêtements solides, formés principalement de calcaire et qu'on appelle des *coquilles* ou des *tests*.

Parfois ces animaux sont fixés; ils vivent et meurent sur place; des générations d'individus se succèdent sur le même

([1]) Du latin *lignum*, bois.
([2]) Du grec *anthrax*, charbon.

point et leurs coquilles s'y accumulent. Tels sont les bancs d'huîtres.

D'autres fois, les coquilles des animaux morts sont entraînées par les courants et rassemblées sur certains points de la plage où le sable devient alors très *coquillier*.

Mais ce ne sont pas les animaux les plus volumineux qui édifient les couches les plus puissantes. Quand on examine au microscope les vases qui tapissent le fond de la mer, au delà

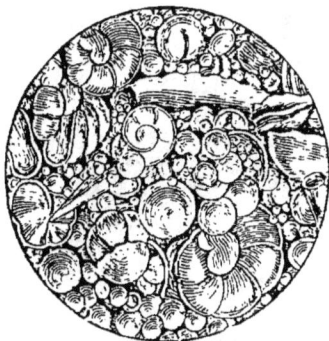

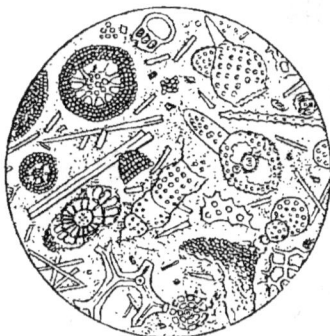

Fig. 47. — Boue à Foraminifères des fonds océaniques, vue au microscope.

Fig. 48. — Boue à Radiolaires des fonds océaniques, vue au microscope.

de la zone des dépôts formés par les apports des fleuves (Voy. p. 48), on voit que ces vases sont exclusivement formées par des coquilles dont la grosseur n'atteint pas celle d'une tête d'épingle et qui ont servi d'habitation à de petits animaux, d'organisation très simple, qu'on appelle des *Foraminifères* ([1]). Ceux-ci pullulent dans les eaux marines; après leur mort ils gagnent lentement les profondeurs. Les vases ou boues à Foraminifères se poursuivent, au fond de l'Atlantique, sur plusieurs millions de kilomètres carrés, à des profondeurs variant entre 500 et 5000 mètres (fig. 47).

A des profondeurs encore plus considérables, jusqu'à plus de 8000 mètres, on observe une boue, non plus calcaire comme

([1]) Du latin *foramen*, trou, et *fero*, je porte, parce que les coquilles de ces petits êtres sont percées de petits trous au moyen desquels ils communiquent avec l'extérieur.

la précédente, mais siliceuse. Cette boue est également formée
par l'accumulation de coquilles d'animaux microscopiques,

Fig. 49.   Un atoll au milieu de l'océan Indien.
Fig. 50.   Quelques formes de Polypiers ou Coraux constructeurs de récifs.

qu'on appelle des *Radiolaires* (¹) et qui sont remarquables
par l'élégance de leurs formes (fig. 48).

(¹) Du latin *radius*, rayon.

Mais les plus curieux, parmi les dépôts formés par les animaux marins, sont les *récifs coralliens*.

Dans les mers très chaudes, entre les tropiques, les continents et les îles sont bordés de récifs dits *coralliens* parce qu'ils sont formés par des Coraux ou Polypiers. Ces productions, de nature calcaire, aux formes élégantes, souvent ramifiées comme des végétaux, sont les habitations que se construisent les Polypes, petits animaux ressemblant à des fleurs (fig. 50) et qui ne peuvent vivre que dans des eaux très claires, à de faibles profondeurs, 40 mètres au maximum. En se succédant pendant des siècles, les générations de Polypiers forment de grandes masses calcaires qui sont, pour les navigateurs, de dangereux récifs.

Parfois ces récifs sont disposés en cercles ou anneaux qu'on appelle des *atolls* (fig. 49).

Les récifs coralliens sont très nombreux dans l'Océan Pacifique. L'Australie, la Nouvelle-Calédonie, les îles Salomon sont baignées par une mer dite *mer du Corail*.

Parmi les terrains qui composent aujourd'hui les continents, il en est qui offrent les caractères des productions marines que nous venons d'étudier et qui, par suite, ont une origine analogue.

53. **Résumé.** — Les *êtres vivants* produisent aussi des changements à la surface de la terre.

Les *végétaux* forment, par l'accumulation de leurs dépouilles, de grands amas de *matières combustibles*. La *tourbe* se produit sous nos yeux, dans certains marécages de nos pays. Les *charbons minéraux*, comme le lignite, la houille, ont une origine analogue.

Dans les grandes profondeurs marines, loin des côtes, les dépôts sous-marins résultent presque uniquement de l'accumulation de coquilles d'animaux inférieurs microscopiques.

Dans les mers chaudes des régions équatoriales, les Coraux construisent des *récifs coralliens*.

Beaucoup de roches des terrains sédimentaires offrent des caractères qui trahissent les mêmes origines.

CHAPITRE VII

PHÉNOMÈNES DUS A DES CAUSES INTERNES. — VOLCANS

54. *Antagonisme des agents externes et des agents internes.* — Les agents géologiques étudiés jusqu'à présent, ou agents externes, tendent, d'une part, à détruire les continents (phénomènes d'érosion) et, d'autre part, à exhausser le fond des mers de toute la quantité de matériaux enlevés aux continents (phénomènes de sédimentation). Le résultat final devrait être l'aplanissement général de la surface du globe terrestre et son envahissement par un océan sans bornes, de profondeur uniforme.

Il n'en est rien parce que de nouvelles actions, non plus extérieures à la terre, mais tirant leur origine de l'intérieur même de la planète, viennent contre-balancer les forces externes en produisant des effets contraires.

55. *Chaleur interne.* — Quand on creuse un trou dans la terre, on constate que la température au fond du trou augmente avec la profondeur. Les travaux effectués par l'homme, soit pour la recherche des eaux artésiennes, soit pour l'exploitation des mines, soit pour le creusement des grands tunnels, montrent que ce phénomène est général, qu'il s'observe dans les régions glacées du pôle comme dans les régions torrides de l'équateur. L'augmentation varie un peu suivant les localités; elle est en moyenne de 1 degré par 30 mètres de profondeur.

Mais l'homme ne saurait aller bien loin dans l'intérieur de la terre. Le sondage le plus profond qui ait été exécuté n'est descendu qu'à 2000 mètres et n'a accusé qu'une température de 69 degrés. Heureusement, certains phénomènes naturels, les sources chaudes, les volcans, nous apprennent qu'à des profondeurs plus considérables correspondent des températures capables, non seulement de porter l'eau à l'ébullition, mais encore de fondre toutes les roches.

Il y a donc, dans l'intérieur du globe, une provision de chaleur énorme, une source d'énergie dont nous allons maintenant étudier les manifestations.

56. *Les volcans*. — Les volcans sont des canaux naturels qui mettent l'intérieur de la terre en communication avec l'extérieur. Un volcan est d'abord une simple fissure du sol d'où s'échappent diverses matières incandescentes. Celles-ci, en s'accumulant autour du point de sortie, forment une montagne, ou *cône volcanique*, dont le sommet se creuse d'une sorte d'entonnoir, le *cratère* (du latin *crater*, coupe). C'est au fond du cratère que se trouve le canal de communication avec les parties profondes du globe et qu'on appelle la *cheminée* (fig. 51).

Les volcans ne fonctionnent pas continuellement. Ordinairement il ne sort du cratère

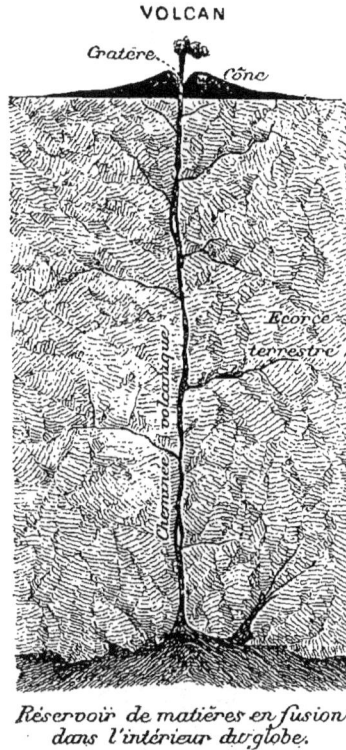

VOLCAN

Cratère · · · Cône

Écorce terrestre

Cheminée volcanique

Réservoir de matières en fusion dans l'intérieur du globe.

Fig. 51. — Dessin théorique d'un volcan.

qu'un peu de fumée. Mais, de temps à autre, ils donnent lieu à des phénomènes d'une grande violence et entrent en *éruption*.

57. *Éruptions volcaniques*. — Une éruption volcanique est un des spectacles les plus imposants de la nature.

Elle s'annonce, quelques jours auparavant, par des détonations souterraines. En même temps le sol tremble. Sou-

vent les sources diminuent ou tarissent ; d'autres fois l'eau
des puits entre en ébullition. Bientôt des explosions se font
entendre dans la région du cratère, dont les matériaux
peuvent être projetés dans les airs comme par de gigantesques coups de mine.

Alors des masses énormes de vapeur s'échappent du cratère,

Fig. 52.   Photographie d'une éruption du Vésuve en 1892.

montent dans le ciel à plusieurs kilomètres de hauteur, ou
s'accumulent en épais nuages qui roulent les uns sur les
autres (fig. 52). Ces gaz entraînent avec eux des matières
solides qui sont projetées à des distances plus ou moins
grandes suivant leur volume. Les vapeurs et les cendres
interceptant la lumière du jour, le volcan et ses abords
peuvent être plongés dans d'épaisses ténèbres que traversent
les lueurs de nombreux éclairs.

Parfois, au contraire, la montagne s'illumine; les nuages paraissent en feu parce qu'ils reflètent l'éclat de la lave en fusion qui, montée peu à peu dans la cheminée, remplit maintenant le cratère. Cette lave est le siège continuel d'explosions gazeuses qui la projettent de tous côtés en fragments incandescents. Bientôt, elle trouve une issue, soit qu'elle déborde du cratère, soit qu'elle rompe, par son propre poids, les parois de l'entonnoir. Elle se précipite sur les flancs de la montagne, se déroule en traînée de feu et va porter au loin la désolation et la mort.

58. Produits volcaniques. — Ainsi les volcans rejettent des matières gazeuses, des matières liquides et des matières solides.

Parmi les *produits gazeux*, la vapeur d'eau joue le rôle le plus important. Elle se résout en pluie torrentielle qui tombe sur les flancs du volcan. Cette eau peut se mélanger aux matières meubles du cône et former avec elles une sorte de boue qui va s'étaler sur les pentes inférieures, produisant ainsi des *coulées boueuses*.

Parfois les gaz et les vapeurs sortent à une température considérable (plus de 1000°) et avec une force prodigieuse capable, comme dans la catastrophe de la montagne Pelée (Martinique), de démolir les maisons, de déraciner les arbres, de carboniser les êtres vivants; c'est le phénomène des *nuées ardentes*.

Les *matières solides* sont de grosseurs très différentes. Quand la lave remplit le cratère, les explosions gazeuses, qui se font jour à travers la masse bouillante, lancent, comme des projectiles, des morceaux de roche fondue qui prennent souvent, en

Fig. 53. — Bombe volcanique.

tournoyant dans les airs, une forme ovoïde et spiralée et vont tomber sur les flancs du volcan. Ce sont les *bombes volcaniques* (fig. 53).

D'autres fois, c'est l'écume du bain de lave qui est projetée à l'état de fragments boursouflés, creusés de cavités comme une éponge et, par suite, remarquables par leur légèreté. Ce sont des *scories* ou des *ponces*. Quand ces fragments sont tout petits, de la grosseur d'un pois ou d'une noisette, on leur donne le nom de *lapillis* ([1]). Ils sont projetés beaucoup plus loin.

Enfin, l'écume de la lave peut être divisée et réduite, par les explosions, à l'état de *cendre volcanique*, qui, entraînée par les vents, peut franchir des distances vraiment colossales. Les cendres volcaniques du Vésuve sont allées parfois jusqu'à Constantinople. Les volcans d'Islande en ont envoyé jusqu'à Stockholm, c'est-à-dire à près de 2000 kilomètres de distance. Nous avons vu que, dans les grandes profondeurs marines, les seuls dépôts qu'on y observe sont formés par des cendres volcaniques.

Ces matériaux de projection : gros blocs, bombes, lapillis, cendres, en s'accumulant autour des orifices primitifs, édifient les cônes ou montagnes volcaniques.

Les *matières liquides* constituent les *laves*, substances fondues dont la température dépasse 1000 degrés et qui s'épanchent en formant des *coulées*. Véritables torrents de feu, leur vitesse est plus ou moins rapide, ils vont plus ou moins loin suivant que le liquide en fusion est plus ou moins visqueux ou plus ou moins fluide. Certaines coulées ont 50 kilomètres de longueur.

Quand elles sont refroidies, les laves forment des roches d'aspect assez divers : les trachytes, les basaltes, etc.

59. *Principaux volcans actifs*. — Le nombre des volcans actifs est considérable. Ils se rencontrent aussi bien dans les contrées glacées du pôle que dans les contrées brûlantes de l'équateur.

En Europe, il faut citer, parmi les plus importants : le Vésuve, qui domine la ville de Naples ; l'Etna, qui s'élève en

[1] Mot créé en Italie, où il y a beaucoup de volcans.

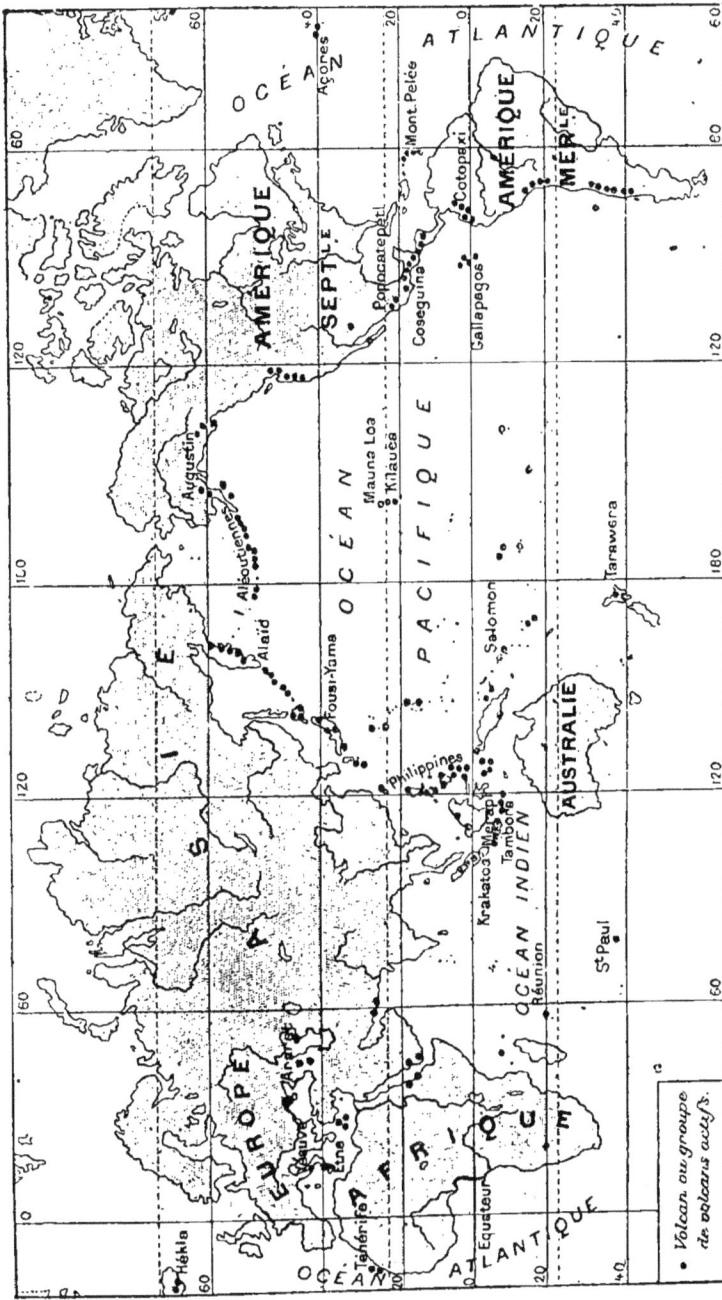

Fig. 51. — Carte des principaux volcans actifs du globe.

Sicile et dont la hauteur dépasse 3500 mètres; l'Hékla, enseveli sous les neiges de l'Islande.

Le plus grand nombre se trouvent au voisinage de la mer. Les côtes de l'océan Pacifique, tant en Amérique qu'en Océanie et en Asie, sont bordées par une nombreuse série de

Fig. 55. — Vue des ruines de Pompéi et du Vésuve.

volcans, un véritable *cercle de feu* (fig. 72). Il y a aussi des volcans sous-marins.

60. **Volcans éteints.** — L'activité d'un volcan n'est pas éternelle. Au bout d'un temps plus ou moins long et après un certain nombre d'éruptions, il finit par s'éteindre.

D'ailleurs, il n'est pas toujours facile de savoir si un volcan est éteint ou s'il ne fait que sommeiller. Au début de notre ère, en l'an 79, le Vésuve était déjà une montagne couverte de végétation. A sa base s'élevaient les villas de riches Romains. Personne ne savait que c'était un volcan. Un jour, brusquement, le sommet fit explosion. Des nuages épais plongèrent tout le pays dans l'obscurité et l'ensevelirent sous une pluie de cendres. Deux villes, Pompéi et Herculanum, périrent avec leurs habitants.

Ces villes ont été retrouvées et en partie déblayées de leur couverture de cendres volcaniques (fig. 55). Tout y est encore admirablement conservé Depuis cette époque, le Vésuve n'a pas cessé de donner des signes d'activité, et certaines éruptions ont été violentes.

Les volcans éteints sont encore plus nombreux que les volcans actifs. En France, nous n'avons pas de volcans actifs, mais nous avons beaucoup de volcans éteints.

61. Sources chaudes. Geysers. — La chaleur de l'intérieur de la terre se manifeste par d'autres phé-

Fig. 56. — Le geyser Géant en éruption (Montagnes Rocheuses).

nomènes. Quand les eaux d'infiltration dont nous avons parlé (p. 24) pénètrent assez profondément dans l'intérieur du globe, elles arrivent dans les régions où la température est très élevée. Si elles reviennent à la surface du sol, elles sont encore chaudes et forment des *sources thermales*.

Les sources thermales sont particulièrement abondantes dans les régions d'anciens volcans, en Auvergne par exemple.

Celles de Chaudesaigues, dans le Cantal, sortent à une température de 80 degrés.

Les sources thermales les plus curieuses sont les *geysers*. Elles jaillissent par intermittences et sont sujettes à de véritables éruptions pendant lesquelles des colonnes d'eau bouillante sont projetées à des hauteurs considérables.

En Islande, il y a des geysers. Mais les plus beaux et les

Fig. 57. — Les « pétrifications » de la fontaine Sainte-Alyre,
à Clermont-Ferrand.

plus nombreux se trouvent en Amérique, dans le Parc national de Yellowstone, au milieu des Montagnes Rocheuses. L'un de ces geysers, le *Géant* (fig. 56), fait régulièrement éruption tous les six jours pendant une heure ou une heure et demie. Sa colonne d'eau s'élève à 60 ou 80 mètres de hauteur. Un autre, le *Vieux fidèle*, est ainsi nommé parce qu'il joue régulièrement toutes les heures.

62. *Dépôts formés par les sources chaudes.* — *Filons métallifères.* — Tout le monde sait que l'eau

chaude peut dissoudre certaines substances plus facilement que l'eau froide. Aussi les eaux thermales sont-elles riches en substances diverses empruntées aux roches qu'elles ont traversées et dissoutes sur leur passage.

Les sources thermales sont toutes en même temps des sources minérales (Voy. p. 29). C'est à cause de cela qu'elles ont des propriétés médicales : ce sont « des remèdes préparés par la nature ». Mais, au fur et à mesure qu'elles se refroi-

Fig. 58. — Sources chaudes, dans le parc de Yellowstone (Montagnes Rocheuses) et leurs dépôts calcaires.

dissent, ces eaux abandonnent, soit dans leurs canaux d'ascension, soit au bord de leurs orifices de sortie, une partie des substances qu'elles tiennent en dissolution.

C'est ainsi qu'il y a des sources thermales qui déposent des calcaires qu'on nomme *tufs* ou *travertins*. En Auvergne, ces sources sont dites *incrustantes*, parce qu'on les utilise pour recouvrir d'une couche de carbonate de chaux des objets variés, des nids, des fruits, voire même des mannequins (fig. 57). En Amérique, des sources chaudes ont formé de véritables montagnes de calcaire disposées en terrasses, en vasques naturelles, en stalactites, etc. (fig. 58).

BOULE. — Géologie. Cl. de 4ᵉ. 5

Les geysers déposent au contraire une roche siliceuse, qu'on appelle la *geysérite* et qui forme, autour de l'orifice de sortie, des concrétions d'une grande beauté.

Des tuyaux de conduite d'eaux minérales, datant de l'époque romaine, ont été en partie obstrués par des dépôts analogues. Or, on observe, soit dans les roches sédimentaires, soit dans les roches éruptives, des fissures anciennes tapissées par des dépôts qui rappellent tout à fait ceux que les eaux minérales forment sous nos yeux. Parmi les substances qui remplissent ces fissures, les plus importantes sont les *minerais* d'où l'on extrait beaucoup de métaux. Les *filons métallifères* représentent donc les conduites ou canaux d'ascension d'anciennes sources thermo-minérales.

63. *Émanations gazeuses.* — Dans les pays volcaniques ou qui ont eu autrefois des volcans, on observe un phénomène intéressant qui consiste cette fois en dégagements de gaz acide carbonique. On lui donne le nom de *mofettes*.

En Auvergne, le sol est imprégné d'acide carbonique ; ce gaz s'exhale en maints endroits. A Royat, près de Clermont, se trouve la *grotte du Chien*. C'est une excavation naturelle creusée dans le basalte. Les fissures dégagent de l'acide carbonique qui s'accumule sur une épaisseur de 1 mètre à la surface du sol. Un chien y tombe asphyxié parce qu'il est tout entier plongé dans le gaz délétère ; à cause de sa plus grande taille, un homme peut au contraire y séjourner sans malaise. Il y a aussi une grotte du Chien au pied du Vésuve, près de Naples.

64. Résumé. — Dans l'intérieur de l'écorce terrestre, la température augmente avec la profondeur, de 1 degré en moyenne par 50 mètres.

Les *volcans* mettent l'intérieur de la terre en communication avec l'extérieur. Un volcan se compose d'une *cheminée*, d'un *cône volcanique* et d'un *cratère*.

Les *produits volcaniques* sont :

1° Gazeux (surtout de la *vapeur d'eau*) ;

2° Solides (matériaux projetés dans les airs, *bombes*, *lapillis*, *cendres*) ;

5° Liquides (*laves* qui, refroidies, constituent·les roches volca-niques).

La plupart des volcans se trouvent au voisinage de la mer. L'océan Pacifique est entouré d'un cercle de feu. Les volcans éteints sont encore plus nombreux.

Les régions volcaniques sont riches en *eaux thermales*. Les unes, comme les *geysers* ou jets d'eau naturels intermittents, déposent de la silice ; d'autres forment de véritables montagnes de calcaire.

Les *mofettes* sont des dégagements d'acide carbonique, fréquents dans les pays qui ont eu autrefois des volcans.

CHAPITRE VIII

TREMBLEMENTS DE TERRE ET AUTRES MOUVEMENTS DU SOL. — COMPARAISON DES PHÉNOMÈNES ANCIENS ET DES PHÉNOMÈNES ACTUELS

65 *Tremblements de terre*. — Nous venons de voir que l'activité interne de la terre produit des roches qui rem-

Fig. 59. — Ruines causées par le tremblement de terre d'Ischia, en 1885.

placent, dans une certaine mesure, celles que les agents externes enlèvent aux continents. Mais cela ne suffirait pas pour contrebalancer le travail de l'érosion. D'autres phénomènes interviennent, qui déplacent peu à peu les mers et soulèvent peu à peu les continents.

La terre, bien loin d'être immobile, est le siège de secousses, d'ébranlements qu'on nomme *tremblements de terre* ou *séismes*. Parfois, il ne s'agit que d'une sorte de frémissement qui peut passer inaperçu. Il est probable qu'il ne s'écoule pas une heure sans qu'un tremblement de terre de ce genre ne se fasse sentir quelque part à la surface du globe.

D'autres fois, les mouvements sont des plus violents et occasionnent de véritables catastrophes (fig. 59). De tels cas sont heureusement beaucoup moins nombreux. Alors les maisons s'écroulent, les arbres sont déracinés, les objets inertes et même les êtres vivants sont projetés dans l'espace, des montagnes s'affaissent, le sol s'entr'ouvre (fig. 60). De longues fentes brisent les canaux souterrains des sources et tarissent celles-ci. On a vu des fissures se poursuivant sur 100 kilo-

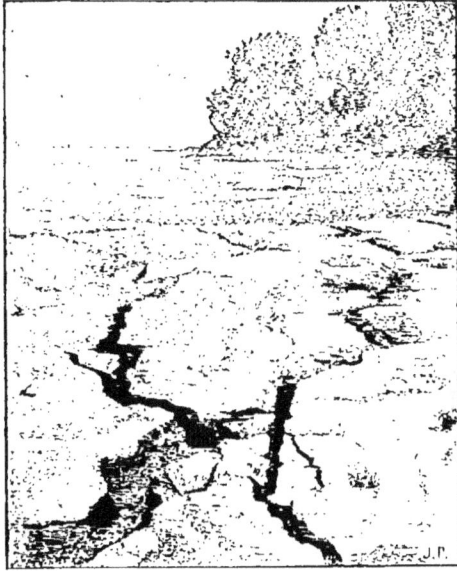

Fig. 60. — Crevasses produites par le tremblement de terre de 1906, en Californie.

mètres de longueur. Ces phénomènes s'accompagnent de grondements souterrains.

Parmi les tremblements de terre les plus importants dont l'histoire ait gardé le souvenir, il faut citer celui qui, en 1693, coûta la vie à plus de 60 000 habitants de la Sicile. En 1755, la ville de Lisbonne fut détruite ; 50 000 de ses habitants périrent dans la catastrophe. En avril 1906, la ville de San-Francisco a été en partie ruinée, etc.

Quand le fond de la mer est ébranlé par les secousses, des vagues énormes s'élèvent et se précipitent sur la terre avec une grande rapidité en balayant tout sur leur passage. Ces *ras de marée* causent la mort de milliers d'êtres humains. Le

15 juin 1896, la côte nord-ouest du Japon fut secouée par un tremblement de terre. La mer s'avança dans l'intérieur, fit périr 27 000 personnes et détruisit les habitations de 60 000 survivants.

66. *Exhaussements et affaissements du sol*. — *Déplacements des lignes de rivage*. — Il arrive souvent qu'à

Fig. 61. — Dénivellation du sol produite à Midori (Japon) par le tremblement de terre du 28 octobre 1891.

la suite d'un tremblement de terre certaines régions s'affaissent et d'autres se soulèvent. Les lèvres d'une fissure, par exemple, peuvent jouer de manière qu'elles ne soient plus au même niveau. C'est ainsi que le tremblement de terre survenu le 28 octobre 1891 au Japon a produit une crevasse de 112 kilomètres de long. Les deux tronçons d'une route coupée par la crevasse ont subi une dénivellation de plusieurs mètres (fig. 61).

Mais ce ne sont pas les phénomènes en apparence les plus violents qui produisent les plus grands effets géologiques. Certaines régions, par une série de mouvements très doux et très lents, qu'on ne peut observer qu'avec beaucoup de patience et de temps, modifient leur altitude. Sur les côtes de la Sicile et de la Finlande, par exemple, la terre se soulève lentement de 1 mètre environ par siècle. Ailleurs, comme sur les côtes du Japon, elle s'enfonce et la mer progresse.

Dans certaines régions, on voit d'anciennes plages formées par la mer à un niveau que celle-ci ne peut plus atteindre, même par les plus grandes marées. Ailleurs, par les très basses eaux, la mer découvre des forêts submergées qui ont dû croître et se développer, il y a des siècles, sur la terre ferme. Ces déplacements des lignes de rivage impliquent soit un exhaussement de la terre ferme, soit un abaissement du niveau général de la mer.

Ces changements sont si lents qu'ils ne deviennent sensibles qu'après de longues années d'observation, de même qu'il faut regarder quelque temps les aiguilles d'une montre pour les voir bouger.

Considérés isolément et pendant la durée d'une vie humaine, les effets de ces phénomènes paraissent insignifiants. Mais, quand on songe qu'ils peuvent se répéter des milliers et des milliers de fois dans la suite des siècles, on comprend qu'à la longue ils puissent produire des changements énormes.

Ils arrivent en effet peu à peu à faire émerger des régions entières autrefois recouvertes par la mer; c'est ainsi qu'on trouve, dans des pays de montagnes, au milieu des continents, des roches identiques à celles qui se forment actuellement dans la mer; inversement, beaucoup de territoires, autrefois terres fermes, ont été peu à peu affaissés, envahis par la mer qui y dépose maintenant de nouvelles couches de terrains sédimentaires. Les limites du domaine maritime varient incessamment.

Ainsi, d'un côté, les agents externes tendent à démolir les continents et à combler les dépressions marines; d'un autre côté, les agents internes tendent à former des terres nouvelles, soit en provoquant la sortie d'énormes masses de roches éruptives de l'intérieur de la terre, soit en soulevant peu à peu les couches précédemment formées au sein de la mer.

67. *Comparaison des phénomènes actuels avec les*

phénomènes anciens. — **Exemples de phénomènes anciens produits par les agents externes.** — Il est facile, en voyageant, de se rendre compte que les agents dont nous venons de faire l'étude ont agi de tout temps à la surface du globe, car leurs effets sont partout manifestes.

Voici, par exemple, une tranchée de route fraîchement creusée, où deux roches différentes sont en superposition : du grès

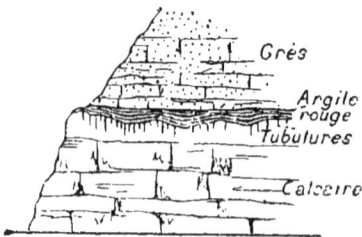

Fig. 62. — Coupe géologique.

sur du calcaire (fig. 62). En les regardant de près, nous verrons qu'à sa partie supérieure le calcaire est corrodé, fissuré, percé de petits tubes et recouvert d'une argile rouge qui pénètre dans les fissures et les tubulures. Nous conclurons de cette observation qu'avant le dépôt des couches de sable qui se sont transformées en grès, le calcaire a été soumis longtemps aux intempéries de l'air et attaqué par les agents atmosphériques (Voy. p. 9) : que sa surface a été désagrégée, en partie dissoute ; que, sur le *sol* ainsi formé, des plantes se sont développées, car les tubulures ont tout à fait la forme des racines qui les ont produites.

Allons plus loin. Nous arrivons devant une colline basse, composée d'une sorte de boue durcie, grise, renfermant des cailloux anguleux de toute grosseur, disposés sans ordre, et dont certains sont couverts de stries. Au sommet de la colline se dressent des blocs énormes de roches étrangères au pays environnant. Ce sont là des aspects que nous avons appris à connaître en étudiant les glaciers actuels (Voy. p. 20). Et nous disons que cette colline a tous les caractères d'une moraine édifiée par un puissant glacier aujourd'hui disparu.

Traversons cette grande rivière. Les eaux, en ce moment basses et transparentes, laissent voir le fond formé des sables et des cailloux qu'elles entraînent au moment des crues. Si nous gravissons un des flancs de la vallée, nous trouverons, à diverses hauteurs, des espaces plats, ou *terrasses* (Voy. fig. 58,

p. 41), que la rivière actuelle ne saurait jamais atteindre et qui sont pourtant recouverts de cailloux roulés et de graviers identiques à ceux que nous avons observés dans le lit de la rivière. De toute évidence, ces alluvions ont été déposées ici de la même façon que les premières, mais à une époque très éloignée de l'époque actuelle. La surface du plateau supérieur, qui domine aujourd'hui tout le pays environnant, est également ment recouverte de cailloux roulés (fig. 65).

Ces alluvions se sont nécessairement déposées dans un cours d'eau, au fond d'une vallée plus ou moins profonde (fig. 64). Comme les flancs de cette vallée étaient formés de roches plus tendres que le fond, ils ont été attaqués plus facilement ou plus ra-

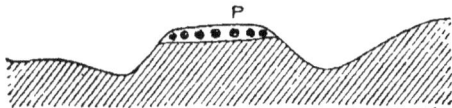

Fig. 65. — Plateau recouvert d'une nappe d'alluvions anciennes.

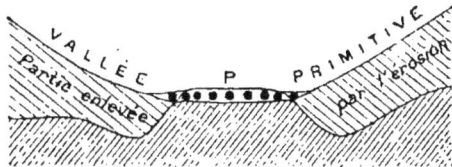

Fig. 64. — Croquis explicatif de la figure 81.

pidement par les agents atmosphériques. Peu à peu les hauteurs encaissantes ont diminué; puis elles se sont creusées à leur tour et, quand toute la partie indiquée sur le croquis par des hachures claires a été enlevée, on a eu la disposition actuelle que montre la figure 65. On conçoit que de tels changements exigent, pour s'accomplir, un laps de temps énorme; ils permettent de se faire une idée de la durée immense des temps géologiques.

Nous voici maintenant dans le Jura. Nous remarquons, sur de hautes falaises de calcaire, que la roche est parfois remplie de Coraux bien conservés et ressemblant à ceux qui forment actuellement des récifs coralliens dans l'océan Pacifique. Avec ces Coraux, nous voyons des coquilles de Mollusques qui ne vivent que dans la mer. La région du globe que nous appelons aujourd'hui le Jura a donc été autrefois recouverte par une mer chaude dans laquelle vivaient et se mul-

tipliaient des Polypiers constructeurs de récifs (Voy. fig. 49
et 50, p. 54).

Allons en Champagne. De tous côtés affleure une roche
blanche, bien connue de tout le monde, la *craie*. Écrasons
un fragment de cette craie et examinons la poussière ainsi
obtenue au microscope. Nous y verrons probablement des
coquilles de ces petits êtres que nous avons appris à connaître
sous le nom de *Foraminifères*. Cette craie a donc été formée
sous la mer; elle n'est pas sans analogie avec les boues à
Foraminifères qui tapissent au large le fond des océans actuels
(Voy. fig. 47, p. 53).

Il est possible que nous arrivions ensuite dans un pays où
les roches auront au contraire une couleur foncée. De-ci, de-là,
au milieu de grès et de schistes, nous verrons affleurer des lits
de charbon. Dans les grès, nous trouverons des troncs d'arbres
carbonisés ; dans les schistes, de fines empreintes de feuilles ;
certaines parties charbonneuses elles-mêmes auront gardé une
structure végétale. Évidemment nous sommes en présence
d'alluvions très anciennes ayant entraîné avec elles et accumulé,
en couches plus ou moins épaisses, des détritus végétaux. Ce
qui se passe dans les tourbières actuelles ou à l'embouchure
des grands fleuves, comme le Mississipi, n'est que la continua-
tion de ce qui se passait autrefois.

L'activité géologique des êtres vivants a donc été considérable à toutes les époques de l'histoire de la terre; il faut lui
rapporter une notable partie des terrains qui forment les
continents.

68. *Exemples de phénomènes anciens produits par
les agents internes.* — Transportons-nous en Auvergne.
Près de Clermont-Ferrand, nous gravirons des montagnes coniques, creusées à leur sommet d'une sorte d'entonnoir (fig. 65),
et toutes formées de pierres brûlées, scoriacées, comme celles
qu'on observe en montant au Vésuve. De ces montagnes
partent des amas confus de roches lourdes, cristallines, formant des traînées de plusieurs kilomètres de longueur.

Bien que les gens du pays n'aient jamais vu sortir ni feu ni fumée de ces montagnes, nous n'hésiterons pas à dire qu'elles représentent d'anciens volcans. Après nous être familiarisés ainsi avec l'aspect des roches volcaniques, nous les reconnaîtrons sur une foule de points du globe où l'on ne voit plus les volcans qui leur ont donné naissance, les cônes et les cratères de ces volcans, plus anciens encore que les premiers, ayant été démolis par les érosions atmosphériques.

Les trachytes, les phonolithes, les basaltes, qui forment pres-

Fig. 65. — Deux anciens volcans de la Chaîne des Puys, en Auvergne.

que partout le sol de ces contrées, sont identiques aux laves des volcans actuels.

69. *Conclusion*. — On pourrait multiplier ces exemples. Ceux que nous venons de voir suffisent pour donner une idée du rôle de l'observation en géologie et pour nous prouver que *les transformations subies par la terre, aux diverses phases de son existence, sont dues à l'action de phénomènes de même ordre que les phénomènes actuels*, action dont l'intensité seule a pu varier, comme nous le verrons plus tard.

Ils nous permettent, en outre, d'acquérir une première idée de l'immense durée des temps géologiques, puisque les changements opérés par les agents actuels, depuis les origines de la période historique, nous apparaissent comme insignifiants. Nous verrons, en effet plus tard, que, lorsque l'Homme fit sa première apparition dans notre pays, plusieurs dizaines de milliers d'années avant l'ère chrétienne, ce pays avait une configuration et une topographie extrèmement voisines de la configuration et de la topographie actuelles. La presque totalité des changements dont nous aurons à esquisser le tableau sont antérieurs à l'arrivée de l'Homme.

70. **Résumé.** — La Terre est le siège de secousses, d'ébranlements qu'on nomme *tremblements de terre*. Le plus souvent, ces mouvements sont imperceptibles; parfois ils sont extrèmement violents, et produisent de grandes catastrophes.

On observe dans divers pays d'autres mouvements *très lents* et *très doux*, par lesquels la terre se soulève et la mer se retire, ou bien la terre s'affaisse et la mer s'avance.

Les phénomènes géologiques anciens n'étaient pas différents de phénomènes actuels; c'est par le jeu continu de ces phénomènes que la Terre est devenue ce qu'elle est aujourd'hui.

CHAPITRE IX

LES MATÉRIAUX DU GLOBE
(ROCHES ÉRUPTIVES, ROCHES SÉDIMENTAIRES)

71. *Les roches. Leur division en trois groupes.* — Nous savons déjà que les matériaux qui composent le globe ou, plus exactement, l'écorce terrestre se nomment les *roches*.

On distingue trois catégories de roches.

Les premières se présentent en grandes masses divisées par des fissures ou joints disposés dans tous les sens (fig. 66). Formées de grains brillants, de *minéraux* cristallisés, elles sont généralement assez lourdes. Elles résultent de la solidification de matières fondues venues de l'intérieur du globe, comme les laves des volcans. On les appelle, pour ces

Fig. 66. — Paysage granitique, montrant la structure massive des roches éruptives.

raisons, roches *massives*, ou roches *ignées* ([1]), ou roches *éruptives*.

([1]) Du latin *ignis*, feu.

La deuxième catégorie comprend des roches disposées par couches ou *strates* ([1]) (fig. 67); elles ont un aspect plus terne, une plus faible densité; elles sont formées de débris arrachés à des roches préexistantes et déposés au fond de la mer, d'un lac ou d'un cours d'eau; aussi les nomme-t-on roches *stratifiées* ou *sédimentaires* ([2]).

Les roches de la troisième catégorie tiennent à la fois des roches éruptives et des roches sédimentaires; comme les premières, elles sont formées de cristaux; comme les secondes, elles sont disposées en lits ou en couches; ce sont les roches *cristallophylliennes* ([3]).

72. Roches éruptives. Le granite. — La plus importante des roches éruptives est le *granite* ([4]), qui forme des territoires très vastes, surtout dans les régions montagneuses (Massif Central, Bretagne, Vosges, etc.).

Fig. 67. — Exemple de roches stratifiées. Carrière de calcaire grossier aux environs de Paris.

Le granite est formé de trois éléments, ou minéraux, juxtaposés ou enchevêtrés en quantités à peu près égales (fig. 68).

([1]) Du latin *stratum*, lit, couche.
([2]) Du latin *sedimen*, dépôt.
([3]) Du mot *cristal* et du grec *phyllon*, feuille, pour rappeler leur double nature cristalline et feuilletée.
([4]) Du latin *granum*, grain, parce que cette roche est composée de grains de substances différentes.

Le premier de ces éléments est le *quartz* ([1]), substance transparente, incolore ou grise, très dure, capable de rayer le verre auquel il ressemble beaucoup. Le second est le *feldspath* ([2]), de couleur blanche ou rosée, opaque, à petites surfaces planes, miroitantes. Le troisième est le *mica* ([3]), formé par des paillettes ou des lamelles très minces, empilées les unes sur les autres, élastiques, ayant des reflets noirs, bronzés ou argentés.

Ces divers éléments peuvent être de grosseur variable. Il y a des granites à gros grains, des granites à grains moyens, des granites à grains fins. Parmi ces derniers, une variété, dont le mica est blanc, argenté, se nomme *granulite*; les *granites porphyroïdes* ont de très grands cristaux de feldspath.

Le granite donne au paysage un aspect particulier (fig. 66).

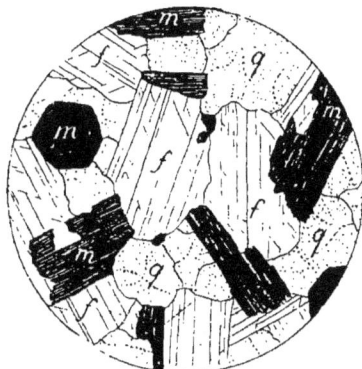

Fig. 68. — Composition et structure du granite.

Les trois minéraux principaux : mica (*m*), feldspath (*f*) et quartz (*q*) forment des cristaux juxtaposés.

Il se désagrège, à la longue, sous l'influence des agents atmosphériques, et se transforme en *arènes* ou sables. La désagrégation laisse souvent subsister de gros blocs arrondis, posés les uns sur les autres en équilibre instable, les rocs branlants (fig. 69).

La décomposition d'un des éléments du granite, le feldspath, donne naissance à des argiles. Le *kaolin* (mot d'origine chi-

[1] Mot d'origine allemande. Le quartz est de la *silice*, c'est-à-dire un composé d'oxygène et d'un métal, le *silicium*.

[2] Mot d'origine allemande qui veut dire : pierre lamellaire qu'on trouve dans les champs. Le feldspath est de la silice combinée avec d'autres substances : l'alumine ou oxyde d'aluminium, la potasse ou la soude ou la chaux.

[3] Du latin *micare*, briller. Le mica a une composition chimique complexe. C'est aussi un silicate d'alumine combiné avec d'autres corps : potasse, magnésie, oxyde de fer.

noise), qui sert à faire de la porcelaine, n'est autre chose qu'une argile blanche, très pure, provenant de la décomposition de certains granites. Tandis que les argiles ordinaires sont très communes, le kaolin est plus rare. En France, on l'exploite dans le Limousin.

Le granite est une roche dure, excellente pour les constructions. C'est la pierre monumentale par excellence. Les variétés susceptibles d'être polies sont employées pour des colonnes, des socles de statues, etc. Les monuments égyptiens en granite (obélisque de Louqsor, par exemple), qui datent de plusieurs milliers d'années, sont encore d'une fraîcheur parfaite.

Fig. 69. — Rocher branlant de granite sur le plateau du Sidobre (Tarn).

75. Porphyres. — Les porphyres[1] diffèrent des granites parce que leurs éléments sont si petits qu'on ne peut les distinguer qu'au microscope[2].

À l'œil nu (fig. 70), ils parais-

Fig. 70. — Échantillon de porphyre.

[1] Du latin *porphyra*, pourpre, parce que le porphyre utilisé par les Romains était d'une belle couleur rouge.

[2] On est parvenu à réduire les roches en lames très minces (2 ou 3 centièmes de millimètre d'épaisseur), ce qui les rend transparentes et permet de déterminer, au moyen d'un microscope spécial, tous les minéraux, même les plus ténus, qui entrent dans leur composition.

sent composés d'une pâte homogène, de couleur variée, grise, verte ou rouge, et dans laquelle sont noyés des cristaux de feldspath ou de quartz qui tranchent par leurs couleurs claires.

A cause de ces contrastes, les porphyres fournissent des matériaux d'ornementation. Les plus belles variétés sont polies pour faire de petits monuments, des socles de statues, des coupes, etc. Les variétés ordinaires donnent également de bonnes pierres de construction.

74. Les basaltes et les trachytes. — Les granites et les porphyres sont des roches éruptives très anciennes, comme les volcans n'en forment plus actuellement. D'autres roches. éruptives, les *basaltes*, les *trachytes*, représentent des laves de volcans refroidies. Elles diffèrent des premières parce qu'elles ne renferment presque jamais de quartz.

Comme les porphyres, leur masse est formée par une pâte paraissant homogène à l'œil nu et dans laquelle sont noyés de grands cristaux. Mais, quand on

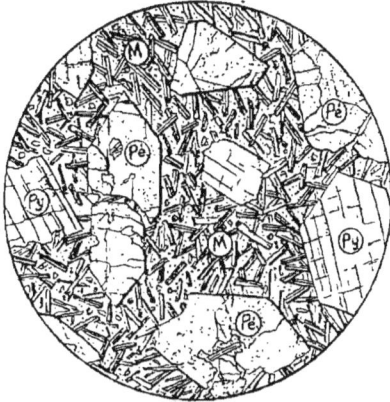

Fig. 71. — Basalte vu au microscope.

De grands cristaux de pyroxène (*Py*) et de péridot (*Pé*) sont noyés dans une pâte formée de microlithes (*M*).

examine cette pâte au microscope, on voit qu'en réalité elle est composée d'une foule de petits cristaux ou *microlithes* (¹) (fig. 71).

Les *trachytes* sont des roches de couleur claire, relativement légères, rugueuses (²). Au milieu de la pâte formée de microlithes de feldspath, il y a de grands cristaux du même minéral. Comme ces roches ont fait éruption à l'état pâteux, elles forment

(¹) Du grec *mikros*. petit, et *lithos*, pierre: petite pierre.
(²) Le mot *trachyte* vient du grec *trachys*, rude : rude au toucher.

des montagnes arrondies ou des coulées épaisses ne s'étendant pas très loin (fig. 72).

Une variété de trachyte, se débitant en dalles sonores, résonnant sous le marteau comme des cloches, a reçu le nom de *phonolithe* ([1]).

Les *basaltes* sont au contraire des roches lourdes, de cou-

Fig. 72. — Le Puy de Dôme, montagne trachytique.

leur très foncée ou noire ; leur pâte est formée (fig. 71) non seulement par des microlithes de feldspath, mais encore par des microlithes d'un minéral noir ou vert foncé qu'on appelle *pyroxène* ([2]) : dans cette pâte sont noyés parfois de grands cristaux de ce même pyroxène, ainsi que des masses granulaires d'un autre minéral vert, très lourd, qu'on appelle *péridot* ([3]). Il y a aussi de nombreuses particules de *magnétite* ou pierre d'aimant (oxyde de fer).

[1] Du grec *phônè*, son, et *lithos*, pierre.
[2] Silicate de magnésie, de chaux et de fer.
[3] Silicate de magnésie.

Contrairement aux trachytes, les basaltes fondus sont très fluides; leurs coulées s'étalent plus largement sur une faible épaisseur. En se refroidissant, elles se sont souvent divisées en prismes réguliers, serrés les uns contre les autres et formant de superbes colonnades désignées sous le nom d'*orgues basaltiques*. On en voit de très beaux exemples dans tous les pays où il y a eu autrefois des volcans, en Auvergne, dans le Velay (fig. 75).

75. *Principales roches sédimentaires. — Poudingues, grès.* — On voit souvent, au milieu de la terre ferme, loin de toute masse d'eau, des couches de cailloux arrondis, serrés les uns contre les autres, tout à fait semblables aux cailloux roulés des rivières actuelles ou à ceux qui, au bord de

Fig. 75. Les orgues basaltiques d'Espaly, près du Puy (Haute-Loire).

la mer, se disposent en cordons littoraux. Évidemment, ces cailloux indiquent l'action d'un ancien cours d'eau ou la présence, en ce point, d'un ancien rivage. Comme ils sont très vieux, ils sont souvent en partie décomposés et soudés les uns aux autres par un ciment. On les appelle des *conglomérats* ou des *poudingues* (fig. 74).

Ailleurs, on observe des graviers ou des sables, plus ou moins identiques à ceux que nous avons vus se déposer actuellement dans les cours d'eau moins violents que les premiers, ou dans

la mer, au large des cordons littoraux. Les sables sont généralement formés de grains de quartz. A cause de leur antiquité,
ces sables ont souvent subi des changements. Ils ont eu à
supporter d'énormes pressions
qui ont resserré leurs grains ;
ils ont été traversés par des
eaux d'infiltration qui ont
déposé dans leurs interstices
des substances jouant le rôle
de ciment. Le sable a été
ainsi transformé en une roche
solide, dans laquelle on peut
encore distinguer chaque
grain et qu'on appelle un *grès*.

Fig. 74. — Échantillon de poudingue.

Il y a des grès très durs
qui sont utilisés pour le pa-
vage des rues, pour la fabrication des meules, etc. D'autres
ont un ciment plus tendre et se laissent tailler assez facilement. Ils fournissent des pierres pour les constructions.

76. *Argiles.* — Nous savons que, dans les cours d'eau à
faible allure ainsi que dans la mer, à une certaine distance
des rivages, ce sont des vases qui se déposent. La plupart des
argiles n'ont pas d'autre origine.

Ces argiles jouent un rôle important dans la constitution
de la terre. Elles forment les terrains imperméables qui
occupent parfois de vastes étendues. Il faut savoir les reconnaître.

Ce sont des roches de couleurs très variables, claires ou
foncées, blanches, noires, bleues, vertes, rouges, etc. Très
tendres, de consistance terreuse, douces au toucher, savon-
neuses, elles se laissent rayer par l'ongle.

Quand elles sont mouillées, elles exhalent une odeur caractéristique, l'odeur argileuse. Elles happent à la langue, ce qui
veut dire qu'un morceau d'argile appliqué au bout de la langue
y adhère assez fortement. Elles se délaient dans l'eau avec
facilité en formant pâte. La *terre glaise*, qui sert aux sculpteurs

à modeler leurs statues, est le type de l'argile. On l'appelle *argile plastique*([1]).

Les argiles sont composées de silice, d'alumine et d'eau ; elles ne sont pas attaquées par les acides.

Si on les soumet à l'action du feu, elles perdent l'eau dont elles sont imprégnées, elles durcissent et se transforment en *brique*. C'est ainsi que les argiles servent à fabriquer les tuiles et les poteries.

Les *limons* sont des argiles mélangées de sable fin et additionnées d'un peu de calcaire, ce qui les rend très propres à la culture

Parfois les argiles se présentent sous forme de roches se divisant facilement en feuillets et qu'on appelle des *schistes*([2]) ; elles doivent cette structure aux fortes pressions qu'elles ont eu à supporter.

Conglomérats, grès et argiles constituent les roches dites *détritiques*, parce que leurs éléments sont constitués par des fragments plus ou moins volumineux, des *détritus* de roches préexistantes, éruptives ou sédimentaires.

77. Calcaires. — Les roches calcaires, non moins répandues que les argiles, ont été formées dans les mers anciennes comme les vases calcaires se forment dans les mers d'aujourd'hui. Qu'elles soient dures et compactes comme le *marbre*, ou tendres et friables comme la *craie*, elles sont toujours composées par l'agglomération de cristaux microscopiques d'un minéral appelé *calcite* et qui est une combinaison de chaux et d'acide carbonique (carbonate de chaux).

Elles ne se délaient pas dans l'eau comme les argiles ; elles n'ont pas d'odeur.

Leur caractère le plus général et le plus net c'est d'être attaquées par les acides. Si on laisse tomber une goutte de vinaigre (acide acétique) d'eau-forte (acide nitrique), de vitriol (acide sulfurique) sur un morceau de calcaire, il se produit un bouillonnement, ou *effervescence*, dû au dégagement de

[1] Du grec *plassein*, modeler.
[2] Du grec *schizô*, je fends.

petites bulles gazeuses. Le gaz carbonique étant un acide
moins fort que ceux dont on s'est servi, ces derniers le
chassent pour prendre sa place.

Il y a beaucoup de variétés de roches calcaires présentant
toutes sortes de colorations. Les unes sont dures, compactes,
susceptibles de prendre un
beau poli, comme les *marbres*
ou les *pierres lithographiques*; d'autres ont une texture plus grossière et servent
pour les constructions. Tel
le *calcaire grossier* avec lequel les maisons de Paris sont
bâties (fig. 67, p. 78). La
craie n'est autre chose qu'un
calcaire tendre et friable.
Certains calcaires, dits *oolithiques* (1), sont formés de
petits grains arrondis, serrés les uns contre les autres comme des œufs de
poissons.

Les roches calcaires jouent
un grand rôle dans la nature :
elles forment des terrains
d'une étendue et d'une épais-
seur considérables. Comme elles se laissent dissoudre par
l'eau atmosphérique, c'est dans leur intérieur que les
eaux souterraines creusent les belles cavernes dont nous
avons parlé.

Fig. 75. — Four à chaux.

Les usages des calcaires sont nombreux; la *chaux* qu'on en
retire est une substance des plus importantes.

Pour fabriquer de la chaux, il suffit de faire cuire des
pierres calcaires dans un *four à chaux*, construction en
briques ayant la forme d'une large cheminée ouverte en haut

(1) De deux mots grecs: *öon*, œuf, et *lithos*, pierre.

et sur le côté (fig. 75). Au moyen de gros blocs de calcaire on construit une sorte de voûte pour supporter la masse de pierres plus petites avec lesquelles on remplit le four. Puis on allume le feu sous la voûte. Le calcaire se fendille, se brise et se décompose sous l'action de la chaleur. L'acide carbonique se dégage par l'ouverture supérieure, et, au bout d'un certain temps, tout le calcaire est transformé en chaux.

Cette chaux est dite *vive* parce qu'elle dégage au contact de l'eau une vive chaleur. Avant d'utiliser la chaux pour en faire du mortier en la mélangeant avec du sable, il faut l'arroser avec de l'eau et la transformer en *chaux éteinte*.

La chaux ne sert pas seulement pour les constructions; elle favorise puissamment la croissance de beaucoup de plantes. Aussi est-elle employée pour fertiliser les terres sableuses ou argileuses, dépourvues de calcaires, et sur lesquelles on la répand. C'est ce qu'on appelle le *chaulage des terres*.

78. Marnes. — Les *marnes* sont des roches formées d'un mélange, en proportions fort variables, d'argile et de calcaire. Aussi leurs propriétés participent-elles de celles des calcaires et des argiles. Comme les premières elles font effervescence avec les acides, comme les secondes elles font pâte avec l'eau.

Les marnes sont aussi employées pour l'amendement des terres. Avec elles on obtient, par la cuisson, une *chaux* dite *hydraulique*, qui durcit rapidement sous l'eau et qu'on emploie pour la construction des piles des ponts, les fondations des édifices, etc.

79. Roches siliceuses. — Les roches siliceuses sont formées par une substance remarquable par sa dureté, et qu'on appelle *silice*. Le *quartz*, que nous connaissons déjà comme un des éléments principaux du granite, est de la silice pure.

Le *silex*, très répandu dans certains terrains, dans la craie par exemple, est de la silice moins pure; aussi le silex est-il moins transparent que le quartz. Il est également très dur. Le choc d'un morceau de fer produit des étincelles; autrefois on

utilisait cette propriété pour fabriquer des briquets et pour
enflammer la poudre des fusils; de là le nom de *pierre à
fusil* qu'on donne souvent au silex.

La *pierre meulière* tire son nom de ce qu'elle est exploitée
pour fabriquer des meules de moulins. C'est aussi une roche
siliceuse très dure, caverneuse. On l'utilise encore pour les
constructions qui doivent offrir une résistance particulière à
l'humidité. Très répandue aux environs de Paris, elle forme
la plus grande partie du sol de la Beauce et de la Brie.

80. **Gypse. Sel.** — Quand l'eau de mer s'évapore, elle
laisse un résidu formé par les matières qu'elle tenait en dis-

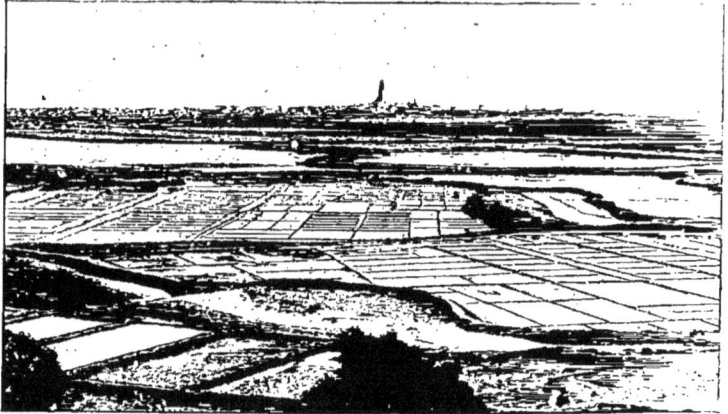

Fig. 76.   Les marais salants de Bourg-de-Batz (Loire-Inférieure).

solution. C'est ainsi qu'on retire le sel des eaux marines en
les faisant évaporer dans de vastes réservoirs artificiels et très
peu profonds, les *marais salants* (fig. 76).

Si, pour une cause ou une autre, des lagunes (voy. p. 47)
se trouvent privées de communication avec la mer, l'eau de
ces lagunes, n'étant plus renouvelée, s'évaporera peu à peu et
le fond de la lagune, véritable marais salant naturel, sera
tapissé des substances diverses qui étaient dans l'eau de mer.
Les principales, parmi ces substances, sont le gypse, ou pierre
à plâtre, et le sel. Comme on les trouve en masses puissantes

dans certains terrains, elles témoignent de l'ancienne existence de lagunes sur ces points.

Le *gypse*, ou pierre à plâtre, est du sulfate de chaux, c'est-à-dire un composé d'acide sulfurique (ou vitriol) et de chaux. Ordinairement de couleur claire, comme beaucoup de calcaires, le gypse se distingue de cette dernière catégorie de roches parce qu'il est beaucoup plus tendre (on peut le rayer avec l'ongle) et parce qu'il ne fait pas effervescence avec les acides.

Ordinairement il apparaît comme formé par l'assemblage d'une foule de petits cristaux qui miroitent au soleil ; c'est la variété *albâtre*. Parfois ces cristaux sont très grands et ont la forme d'un fer de lance (fig. 77).

Le gypse renferme de l'eau. Si on le chauffe dans un four à plâtre, l'eau se dégage et le gypse se transforme en une poudre blanche qui est du plâtre.

Quand on veut se servir du plâtre, il faut lui rendre l'eau qu'on lui a enlevée, il faut le gâcher. On fait ainsi une pâte qui reste molle pendant un certain temps, peut se mouler sur tous les objets et ne tarde pas à durcir.

Fig. 77. — Cristal de gypse en forme de fer de lance.

Le sel qu'on trouve dans la terre, ou *sel gemme*, n'est autre chose que du sel marin (chlorure de sodium) qui s'est formé dans les périodes géologiques par l'évaporation d'eau de mer au fond de grandes lagunes. Il a tous les caractères et toutes les propriétés du sel marin : la transparence, la saveur salée ; il forme souvent des cristaux cubiques d'une grande régularité. Sa présence, dans les profondeurs du sol, se manifeste ordinairement par des sources salées.

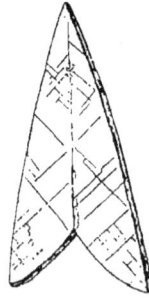

81. Roches d'origine organique. — Les plus importantes sont les charbons, dont l'origine est évidemment végétale. Plus ils sont anciens, plus ils sont purs et riches en carbone.

La *tourbe* se forme encore de nos jours. Les *lignites* sont plus anciens; une variété compacte, d'un beau noir brillant, le *jais* ou *jayet*, est employée pour faire des bijoux de deuil.

La *houille* remonte à des époques encore plus reculées; c'est elle qui forme les dépôts de combustibles les plus importants. Nous l'étudierons plus tard avec détails.

L'*anthracite* est un charbon presque pur, ne renfermant que 5 à 10 pour 100 de matières terreuses.

Le *graphite*, ou plombagine, est du carbone à peu près pur (3 à 5 pour 100 de matières terreuses). On ne le rencontre que dans les terrains les plus anciens.

82. *Roches cristallophylliennes*. — Les roches cristallophylliennes, qui occupent de grandes étendues dans divers pays, sont disposées en couches, comme les roches sédimentaires; elles ont même une disposition feuilletée, car leurs éléments sont alignés en traînées (fig. 78), mais ces éléments, au lieu d'avoir un aspect terreux comme ceux des roches sédimentaires, sont cristallisés comme ceux des roches éruptives.

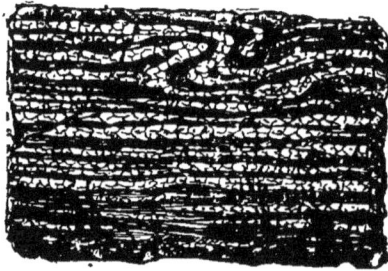

Fig. 78.   Échantillon de gneiss. Les traînées claires sont formées de quartz et de feldspath; les traînées noires sont formées de mica.

Les principales roches cristallophylliennes, ou *schistes cristallins*, sont les gneiss et les micaschistes.

Les *gneiss*[1] ont la composition des granites, mais leurs éléments : quartz, feldspath, mica, au lieu d'être mélangés sans ordre, se disposent ici en lits superposés; le mica forme des traînées sombres alternant avec les traînées claires du quartz et du feldspath (fig. 78).

Les *micaschistes*[2] sont composés presque exclusivement de quartz et de mica. Ce sont des roches moins massives que les

(1) Mot d'origine allemande.
(2) De *mica* et du grec *schizô*, je fends.

gneiss, avec des feuillets plus minces et plus réguliers (fig. 79).

Fig. 79. — Carrière de schistes cristallins.

Nous apprendrons bientôt l'origine des roches cristallophyl-liennes.

83. **Résumé.** — On distingue trois sortes de roches :

1° Les roches *éruptives*, massives, cristallines ;

2° Les roches *sédimentaires*, stratifiées, peu ou point cristallines ;

3° Les roches *cristallophylliennes*, cristallines comme les roches éruptives, stratifiées comme les roches sédimentaires.

Caractères distinctifs des principales roches éruptives.

Roches composées de cristaux de grandeur uniforme.	Avec mica noir	*Granite.*
	Avec mica blanc	*Granulite.*
Roches composées de grands cristaux noyés dans une pâte.	Avec du quartz	*Porphyres.*
	Sans quartz . { Roches légères, de couleur claire. .	*Trachytes.*
	{ Roches lourdes, noires	*Basaltes.*

Caractères distinctifs des principales roches sédimentaires.

Roches détritiques.	Formées de cailloux		Conglomérats et Poudingues.
	Formées de grains	libres	Sables.
		agglutinés	Grès.
	Formées de particules très fines et faisant pâte avec l'eau		Argiles et Limons.

Roches *calcaires*, attaquables par les acides.	Tendres, blanches, rayées facilement par l'ongle	Craie.
	Rugueuses, formées de grains irréguliers.	Calcaire grossier.
	Compactes, à grains fins	Marbres.
	Formées de grains arrondis	Calcaire oolithique.
	Mélangées d'argiles.	Marnes.

Roches *siliceuses*, inattaquables par les acides, rayant le verre . . . .   Quartz et Silex.

Roches de précipitation chimique, ne rayant pas le verre.	Donnant du plâtre par la cuisson. .	Gypse.
	Solubles dans l'eau, à saveur salée.	Sel gemme.

Roches d'origine organique . . . .   Charbons.

Caractères distinctifs des principales roches cristallophylliennes.

Roches.	Composées de quartz, de feldspath et de mica	Gneiss.
	Composées seulement de quartz et de mica	Micaschistes.

CHAPITRE X

ARRANGEMENT DES MATÉRIAUX DU GLOBE.
STRATIFICATION. — FOSSILES

84. *Arrangement des matériaux du globe. Strati-fication*. — Les matériaux du globe ne sont pas disposés au hasard, sans ordre. Nous savons déjà que les roches sédi-mentaires se sont formées dans l'eau en couches ou strates successives (V. p. 48). Cette disposition par couches porte le nom de *stratification*, et l'étude de ces couches constitue la branche de la géologie qu'on appelle la *stratigraphie* [1].

Fig. 80. — Stratification concordante.

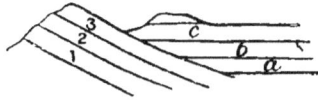

Fig. 81.   Stratification discordante.

Les dépôts sédimentaires se faisant sous l'action de la pesan-teur, les couches sont, à l'ori-gine, toujours à peu près hori-zontales, mais les mouvements du sol les ont souvent déran-gées. Dans les pays de plaines,

Fig. 82.
Stratification transgressive.

les roches sédimentaires ont généralement gardé leur position primitive ; dans les pays de montagnes, elles sont au contraire relevées, plissées, parfois même renversées. Étudions ces divers accidents.

Lorsque plusieurs couches 1, 2, 3, horizontales ou non, restent parallèles entre elles, on dit que la *stratification* est *concordante* (fig. 80).

Si, contre ces couches relevées, 1, 2, 3, d'autres couches *a*, *b*, *c* viennent buter obliquement, les deux séries sont en

[1] Du latin *stratum*, couche, et du grec *graphein*, décrire.

stratification discordante (fig. 81). Il est clair que les couches 1, 2, 3 ont été relevées avant le dépôt des couches *a*, *b*, *c*.

Ce phénomène des discordances a une importance capitale, car il permet d'étudier facilement, sur leurs tranches relevées et ramenées au jour, des terrains qui, sans lui, seraient restés cachés sous les terrains plus récents.

Quand, dans une série de couches concordantes 1, 2, 3 (fig. 82), les couches supérieures s'avancent plus loin que les couches inférieures, on dit de cette disposition qu'elle est *trans-*

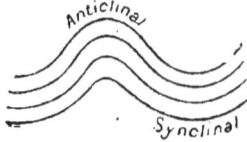

Fig. 85. — Plis anticlinal et synclinal.

gressive, parce qu'elle dénote que la mer a *transgressé* peu à peu ses limites pour faire des dépôts de plus en plus étendus.

85. Plissements. — Non seulement les couches des terrains sédimentaires sont fréquemment relevées, elles sont encore souvent plis-

Fig. 84. — Vue d'une colline formée de couches disposées en anticlinal.

sées. Ces plissements résultent de pressions latérales dont nous connaîtrons bientôt la cause. On peut en produire d'analogues en comprimant latéralement les feuillets d'un livre.

Fig. 85.
Pli en éventail.

Un pli est dit *anticlinal* quand sa convexité est tournée vers le ciel, c'est-à-dire quand les couches forment arche ; on donne le nom de *synclinal* à la disposition inverse, où les couches forment cuvette (fig. 83). Les terrains des chaînes de montagnes présentent ordinairement une succession d'anticlinaux et de synclinaux (fig. 84).

Parfois, les couches d'un anticlinal prennent une disposition divergente : c'est le pli en éventail (fig. 85), dont le Mont-Blanc fournit un bel exemple (fig. 86).

Si la poussée a été très grande, le pli est renversé (fig. 87). Il peut même arriver que le pli se couche

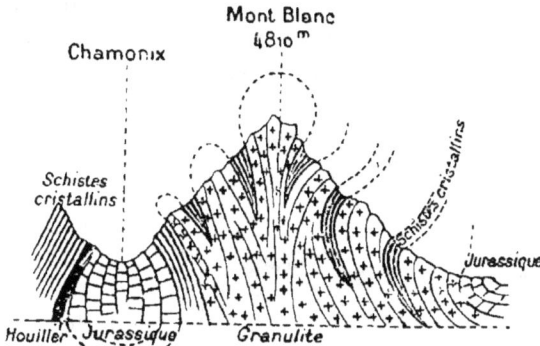
Fig. 86. — Coupe géologique du Mont-Blanc.

complètement ; alors, sur une même verticale AB (fig. 88), on observe trois fois les mêmes couches : deux fois dans l'ordre normal de superposition, c'est-à-dire d'ancienneté, et une fois dans un ordre inverse.

Fig. 87. — Pli renversé.

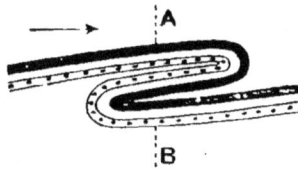
Fig. 88. — Pli couché.

On voit souvent de tels plis dans les chaînes de montagnes ; ils se dessinent en grandes lignes sur les escarpements, et rien n'est plus facile, dans ce cas, que d'observer le renversement. Mais il arrive parfois que, les plis ayant été dégradés ou en partie démolis par les érosions, les couches

renversées forment des reliefs isolés, comme dans la figure 89.
La figure 90 montre, en lignes pointillées, les parties enlevées.

Fig. 89. — Croquis explicatif
de la figure 11.

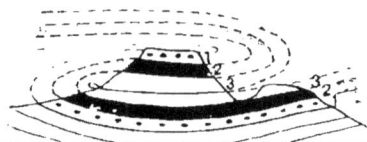

Fig. 90. — Couches superposées dans
l'ordre inverse de leur formation.

Certaines chaînes de montagnes, comme les Alpes, paraissent être formées par toute une série de grands plis couchés
de ce genre, dont les divers terrains, *charriés* parfois de fort
loin, se disposent en autant de
nappes superposées.

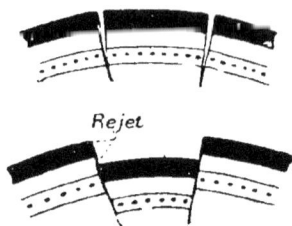

Fig. 91. — Formation des failles.

86. Failles. — Les roches ne
sont pas toutes également flexi-
bles, et leur flexibilité est toujours limitée; des plis trop accen-
tués peuvent déterminer des
cassures qui se produiront sur
les points où la tension est la plus forte. Ces cassures
délimiteront un certain nombre de compartiments qui, n'étant

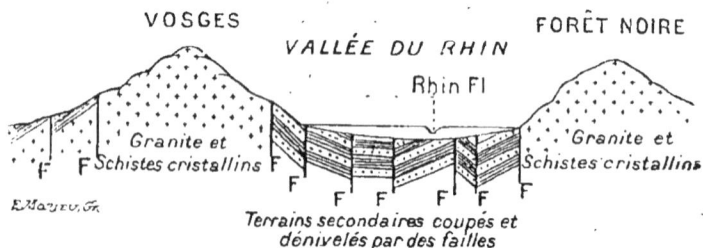

Fig. 92. — Coupe géologique de la vallée du Rhin. — F. failles.

plus soutenus, pourront jouer, les uns par rapport aux
autres, comme les pierres d'une voûte mal équilibrée, et
seront portés à des niveaux différents. De telles cassures

s'appellent des *failles* (¹) ; la valeur du déplacement des terrains, de part et d'autre de la faille, s'appelle *rejet* de la faille (fig. 91).

La vallée du Rhin est un bel exemple de couches cassées, dénivelées, effondrées entre les deux massifs de roches cristallines des Vosges et de la Forêt-Noire (fig. 92).

D'une manière générale, les terrains les plus anciens, ayant eu à subir de plus nombreuses et de plus longues vicissitudes au cours de l'histoire de la Terre, sont aussi ceux dont la stratigraphie est le plus accidentée.

Fig. 95. — A, massif de granite consolidé dans la profondeur. — B, le même massif mis à nu par l'érosion des couches sédimentaires qui le surmontaient.

87. Dispositions des roches éruptives.

— C'est à la faveur des fissures produites par les mouvements du sol, dont nous venons de voir les effets sur les roches sédimentaires, que les matières fondues de l'intérieur cherchent à s'épancher au dehors.

Parfois, elles n'arrivent pas jusqu'à la surface, et forment, dans les profondeurs du sol, des *massifs* que l'érosion met ensuite à nu (fig. 95).

Plus haut, dans la traversée des couches sédimentaires, elles constituent des *filons* qui ne sont que les anciennes fissures, ou cheminées d'ascension, remplies par les laves solidifiées.

Fig. 94. — Dykes de laves dans les Montagnes Rocheuses du Colorado.

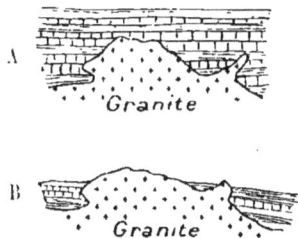

(¹) De *faillir*, céder.

Boule. — Géologie. Cl. de   7

La roche éruptive, plus dure que la roche sédimentaire encaissante et résistant mieux aux érosions atmosphériques, peut faire saillie au-dessus du sol environnant, à la manière d'un mur ; c'est ce qu'on appelle un *dyke* (¹) (fig. 94).

Enfin les roches qui arrivent à l'extérieur y forment des *coulées* ou des *nappes* (fig. 95).

88. *Applications de la stratigraphie. Détermination de l'âge des chaînes de montagnes.* — Les géologues

Fig. 95. — Front d'une coulée de lave en Auvergne.

doivent observer avec soin les superpositions et les discordances stratigraphiques, car elles leur servent à déterminer l'âge relatif des divers mouvements du sol dans une région déterminée, et notamment l'âge des chaînes de montagnes.

Soit, par exemple (fig. 96, A), une série de couches (I) déposées contre un massif de granit G. Un premier soulèvement les disposera comme dans la figure B, et la mer pourra déposer de nouvelles couches (II), qui seront en stratification discordante avec les premières (fig. C). Si cet ensemble est

(¹) Mot d'origine anglaise.

soumis à un nouveau soulèvement, on aura la disposition de la figure D. Une troisième série de dépôts sédimentaires (III) a

pu se former, et, si ces dépôts sont restés horizontaux, nous dirons que la chaîne de montagnes a eu son dernier soulèvement entre la formation des couches II et la formation des couches III.

89. L'âge relatif des roches éruptives. — Les roches éruptives offrent entre elles des relations qui permettent d'établir leur âge relatif. C'est ainsi, par exemple, que, lorsque deux filons de roches différentes se croisent (fig. 97), celui qui coupe l'autre, le *filon croiseur* A, est plus récent que le *filon croisé* B.

Mais c'est surtout par leurs rapports avec les roches sédimentaires que l'on peut arriver à établir l'âge des roches éruptives.

Fig. 96. — Série de croquis montrant comment on peut déterminer l'âge relatif d'une chaîne de montagnes.

Soit, par exemple, une série de couches sédimentaires, I, II, III, en rapport avec diverses roches éruptives (fig. 98). Le granit du massif G a été formé après le dépôt des couches I, et

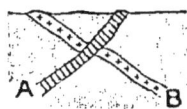

Fig. 97. — Filon croiseur A et filon croisé B.

avant le dépôt des couches II, car celles-ci ne sont pas atteintes et, de plus, elles renferment des éléments détritiques empruntés à la roche G. Le porphyre P coupe les terrains précédents, plus les couches II ; il est donc plus récent que G, que I et que II. Il est à son tour coupé par des filons d'un basalte B, qui traverse le terrain III et s'épanche au dehors en une coulée. Nous dirons que le basalte B est plus récent que le porphyre P, et que celui-ci est plus récent que le

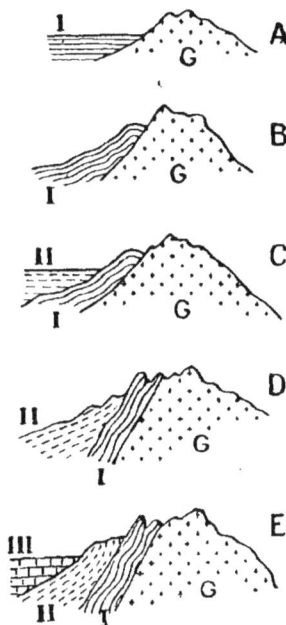

granit G. Et nous savons en outre, que cette roche G a un
âge compris entre celui des dépôts sédimentaires I et des
dépôts sédimentaires II, que la roche P est d'âge intermédiaire

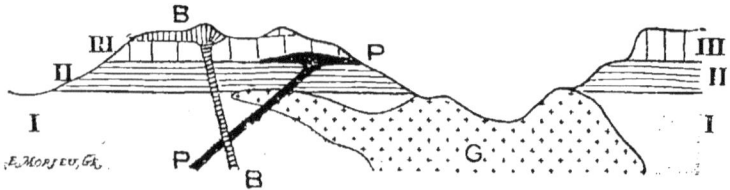

Fig. 98. — Coupe géologique théorique montrant comment on détermine
l'âge relatif des roches éruptives.

entre II et III, et que la roche B est plus récente que le terrain III.

90. *Les fossiles. La paléontologie.* — Nous savons déjà
ce que sont les *fossiles* [1]. On donne ce nom aux restes ou aux
traces d'anciens êtres vivants, animaux ou végétaux, conservés
dans les terrains sédimentaires.

Leur étude permet de reconstituer l'organisation des êtres
auxquels ils ont appartenu et de montrer que ces êtres représentent des espèces ou des groupes
disparus et plus ou moins différents
des espèces ou des groupes actuels.

La *paléontologie* [2] est la science
des fossiles.

91. *Fossilisation.* — Exposés
à l'air libre, après leur mort, les
corps des êtres vivants, animaux
ou végétaux, ne tardent pas à se
désagréger, à se décomposer et à

Fig. 99. — Grenouille transformée en phosphate de chaux
(1/2 de la grandeur naturelle).

disparaître complètement. Pour qu'un corps organisé puisse
se conserver et devenir un fossile, il doit être soustrait à l'ac-

[1] Du latin *fossilis*, qu'on tire de la terre.
[2] Du grec *palaios*, ancien ; *onta*, les choses qui sont (*étant*), et
logos, discours.

tion des agents atmosphériques, c'est-à-dire enfoui dans les sédiments.

Sauf de rares exceptions, ce ne sont que les parties dures des animaux qui se conservent par la fossilisation : le test des Foramini- fères, des Oursins, des Polypiers; les coquilles des Mollusques, les ossements des Vertébrés.

Dans certaines conditions, ce sont aussi les parties molles. On a trouvé, dans le département du Lot, des Gre- nouilles et des Serpents dont la peau a été transformée en phosphate de chaux (fig. 99); ce sont de véritables momies d'une prodigieuse antiquité. Ailleurs, des Chauves-Souris ont laissé l'em- preinte de la fine membrane de leurs

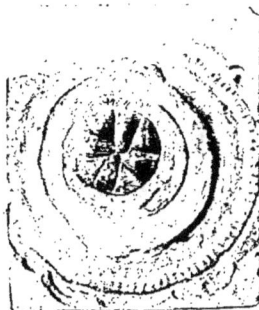

Fig. 100. — Empreinte de Méduse sur une plaque de calcaire lithographi- que (diamètre réel : 0m30).

ailes. Au milieu des calcaires lithographiques, dont le grain est extrêmement fin, on découvre fréquemment des empreintes de Méduses, c'est-à-dire de Zoophytes marins, dont le corps n'est qu'une sorte de gelée transparente (fig. 100).

92. Pistes et traces mécaniques. — Les animaux d'autrefois ont laissé des traces autres que leurs dépouilles :

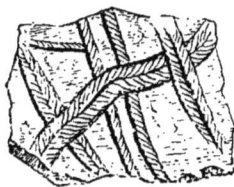

Fig. 101. — Pistes d'animaux (Bilobites) sur un grès si- lurien de Normandie (1/5 de la grandeur naturelle).

des pistes ou des empreintes de pas.

Il y a, dans certains terrains qui comptent parmi les plus anciens de la Normandie, des empreintes de forme allongée, séparées en deux parties, ou lobes, par un sillon longitudinal et qu'on a appelées pour cela des *Bilo- bites*. Ce sont des pistes laissées par des animaux marins, probablement des Crustacés, sur le sable humide du rivage ou du fond, et moulées par un nouvel apport de matières sédimentaires (fig. 101).

Aux environs de Lodève se trouvent des grès avec des

empreintes de pattes à cinq doigts qui ont été faites par de grands Reptiles très différents des Reptiles actuels.

Même certains phénomènes physiques ont été enregistrés par les sédiments. On peut citer des empreintes produites par la chute des gouttes de pluie (fig. 102) et des ondulations laissées sur le sable des rivages par les vagues de la mer.

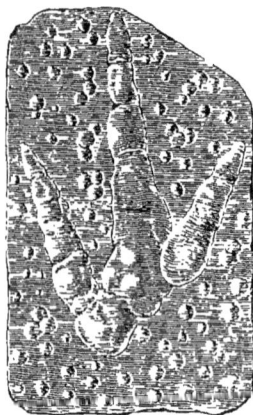

Fig. 102. — Traces de pas d'un animal et empreintes de gouttes de pluie sur une plaque de grès du Trias.

93. Fossiles végétaux. — La substance des végétaux se transforme généralement en charbon. Dans les terrains houillers, on trouve des troncs d'arbres carbonisés, mais ayant conservé leur forme et les accidents de leur surface (V. fig. 46, p. 52). Parfois, notamment dans certaines formations volcaniques, les troncs d'arbres ont été imprégnés de silice et pétrifiés. La pénétration de la silice s'est faite d'une façon si délicate que rien n'a été altéré dans la structure de ces plantes ; au microscope on reconnaît les cellules, les fibres, les vaisseaux, comme s'il s'agissait de plantes actuelles (fig. 103).

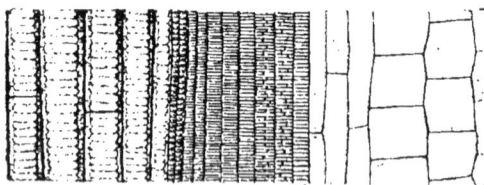

Vaisseaux et trachées.

Cellules de la moelle.

Fig. 103. — Coupe dans une tige d'arbre silicifié du terrain permien d'Autun, vue au microscope.

Les feuilles, et plus rarement les fleurs, ont laissé des empreintes d'autant plus délicates que le sédiment est lui-même à grains plus fins (fig. 104).

94. Histoire de la paléontologie. — Tandis que les philosophes de l'antiquité ont parfois pressenti la véritable nature des fossiles, pendant tout le moyen âge et la Renaissance, on les a généralement considérés comme des *jeux de la nature,* c'est-à-dire comme des corps ayant, avec les êtres animés, des ressemblances fortuites et illusoires ; on y voyait des phénomènes analogues aux figures que nous offrent les nuages dans leurs mouvantes transformations. Deux grands artistes, Léonard de Vinci, en Italie, Bernard Palissy, en France, proclamèrent pourtant que les fossiles sont les débris

Fig. 101. — Empreintes de feuilles d'arbres fossiles.

pétrifiés d'êtres ayant vécu sur les lieux mêmes où on les observe.

Cuvier fut le véritable fondateur de la paléontologie, car il démontra, le premier, que les êtres fossiles étaient différents des êtres actuels. Il les étudia à la lumière de la zoologie et de l'anatomie comparées. Au moyen d'ossements isolés, il put reconstituer, avec une précision tout à fait géniale, les squelettes de quelques grands animaux d'autrefois.

Depuis Cuvier, les recherches faites de tous côtés ont abouti à de merveilleuses découvertes. Les espèces disparues qui ont été retrouvées sont aujourd'hui innombrables et l'on est encore loin, bien loin, de connaître tous les fossiles.

95. *Ce que nous apprennent les fossiles.* — Les fossiles nous apprennent d'abord que *la vie est très ancienne à la surface du globe,* car on trouve des restes d'animaux ou de végétaux dans la plupart des roches sédimentaires.

Ils nous apprennent de plus que *les êtres d'autrefois représentent des formes différant d'autant plus des formes actuelles qu'elles sont plus anciennes*; que ces êtres ont changé bien souvent avec le temps ; qu'il y a eu transformations successives des faunes et des flores.

Les fossiles nous fournissent encore de précieuses indications sur la manière dont les terrains se sont formés. En étudiant les fossiles comparativement aux êtres qui vivent aujourd'hui, *nous pouvons déterminer le milieu dans lequel ils ont vécu et les conditions de dépôt des couches qui les renferment.*

Voici, par exemple, des calcaires renfermant des coquilles fossiles (fig. 105), semblables aux coquilles de Mollusques qui ne vivent actuellement que dans l'eau douce, les Limnées (fig. 106). Nous pouvons affirmer que ces calcaires se sont déposés dans un lac. Voici, d'un autre côté, des grès avec des coquilles d'Huîtres. Nous disons que ces grès représentent un dépôt marin. Et, parmi les fossiles marins eux-mêmes,

Fig. 105. — Coquille de Limnée fossile. Fig. 106. Limnée vivante.
(Grandeur naturelle.)

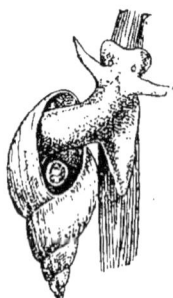

certaines formes se rapprocheront plutôt de types vivant actuellement loin des côtes et à une certaine profondeur, tandis que d'autres formes auront des affinités avec des types ne s'éloignant pas des rivages. Nous distinguerons ainsi les dépôts *côtiers* des dépôts *profonds*.

Enfin, nous verrons bientôt que c'est surtout au moyen des fossiles qu'on détermine l'âge des terrains.

96. Résumé. — Les matériaux du globe, roches et terrains, ne sont pas disposés au hasard, sans ordre.

Les terrains sédimentaires sont disposés par couches, ou en *stratification*. Parmi ces terrains les uns sont restés horizontaux; d'autres ont été dérangés de leur position primitive et plus ou moins soulevés.

Il y a trois modes principaux de stratification : *concordante, discordante* et *transgressive*.

Les couches peuvent aussi être plissées. On distingue des plis *anticlinaux*, des plis *synclinaux*, des *plis en éventail*, des plis *renversés*, des plis *couchés*.

Les couches peuvent être traversées par des cassures ou *failles*, accompagnées ou non de dénivellations.

Les terrains éruptifs sont disposés en *massifs*, en *filons* ou en *coulées*.

Les études stratigraphiques permettent de déterminer l'âge relatif des chaînes de montagnes et des terrains éruptifs.

Les *fossiles* sont les restes ou les traces d'anciens êtres vivants conservés dans les terrains sédimentaires. La *paléontologie* est la science des fossiles.

La fossilisation a parfois permis la conservation des corps d'animaux les plus délicats, les empreintes de pistes et autres traces mécaniques, et même les tissus cellulaires des plantes.

Cuvier fut le fondateur de la paléontologie.

Les fossiles nous apprennent : 1° que la vie est très ancienne à la surface du globe ; 2° que les êtres d'autrefois représentent des formes de vie différant plus ou moins des formes actuelles.

Ils nous permettent de déterminer le milieu dans lesquel ils ont vécu et les conditions de dépôt des couches qui les renferment.

DEUXIÈME PARTIE

LE PASSÉ DE LA TERRE

CHAPITRE XI

LA CHRONOLOGIE GÉOLOGIQUE — L'ORIGINE DE LA TERRE. LES TERRAINS ARCHÉENS

97. *Histoire de la Terre.* — *Chronologie géologique. Méthodes diverses.* — Dans la première partie de cet ouvrage, nous avons étudié la Terre dans son état actuel, les principaux phénomènes physiques dont elle est le siège et les principaux matériaux qui forment son écorce. Nous devons maintenant étudier la Terre dans son passé : l'objet de cette seconde partie est de reconstituer l'*Histoire de la Terre*.

Comme toute histoire implique une chronologie, c'est-à-dire une *succession ordonnée* d'événements, il faut d'abord apprendre comment les géologues sont arrivés à établir l'âge relatif des terrains qu'ils étudient.

Au début de la science, on avait pensé que l'étude des roches pouvait donner des renseignements chronologiques et que les sédiments de même nature devaient être de même âge. Il y avait ainsi « l'âge des calcaires », « l'âge des grès », « l'âge du granite », etc. Aujourd'hui encore, des personnes, peu instruites en géologie, tiennent ce raisonnement. Après ce que nous a appris l'étude des phénomènes actuels, il est à peine besoin d'insister sur la fausseté d'une telle *méthode purement lithologique* (¹). Nous savons, en effet, qu'à l'heure actuelle,

---

(¹) La *lithologie* (du grec *lithos*, pierre, et *logos*, discours) est la branche de la géologie qui s'occupe de l'étude des roches.

des sédiments variés se déposent dans une même mer et que, d'autre part, les mêmes causes produisant les mêmes effets, des sédiments identiques, quant à leur nature, ont pu et dû se former à des époques différentes.

Aussi n'a-t-on pas tardé à employer une nouvelle méthode basée sur l'étude de l'arrangement des matériaux du globe, ou *méthode stratigraphique*. Celle-ci repose sur un axiome : *De deux couches superposées, la couche supérieure est plus récente que la couche inférieure*. Elle est excellente. Dans une région limitée, l'ordre de superposition permet de déterminer l'âge relatif des différentes couches qui s'y rencontrent.

La méthode stratigraphique conduit donc à des résultats importants. Pourtant, elle a aussi ses défaillances. Elle échoue dans deux cas principaux :

1° Quand, des couches ayant été plissées et renversées, elles se présentent, par suite d'érosions ultérieures, en paquets isolés (fig. 89, p. 96). Dans ce cas, le géologue est exposé à se tromper, à prendre les couches les plus anciennes pour les plus récentes, et réciproquement;

2° Quand il s'agit de comparer entre eux les terrains de deux régions éloignées ou séparées par la mer.

C'est alors qu'intervient une troisième méthode, la plus parfaite, celle qui est basée sur l'étude des fossiles.

98. *Application de la paléontologie à la détermination de l'âge des terrains.* — Comme les êtres animés ont changé avec le temps, on trouve, dans des couches d'âges différents, des fossiles différents, tandis que des sédiments contemporains, quelle que soit leur nature et quelle que soit la région dans laquelle on les observe, renferment toujours en commun un certain nombre de fossiles identiques, dits *fossiles caractéristiques*.

Ce principe est la base de la *méthode paléontologique*, qui permet de comparer entre elles des couches situées dans des régions très éloignées l'une de l'autre, par exemple les terrains de deux continents différents, ce que ne permettait pas la méthode stratigraphique.

Les fossiles jouent ainsi, pour le géologue, le même rôle que les monnaies antiques pour l'historien. « Les fossiles, a-t-on dit, sont les médailles de la création. » On peut encore les comparer aux chiffres de la pagination d'un livre dont les feuillets sont représentés par les couches sédimentaires.

Grâce aux fossiles, la géologie, en possession d'une chronologie, devient une science historique.

99. *Chronologie relative. Immense durée des temps géologiques*. — En combinant les diverses méthodes d'investigation dont nous venons de parler, les géologues ont pu établir la chronologie relative des terrains.

Il faut dire *relative* et non pas *absolue*, car, dans l'état actuel de la science, il est impossible d'évaluer en années, en siècles et même en milliers de siècles, la durée des périodes géologiques. Tout ce qu'on peut dire, c'est que *cette durée est effrayante, qu'elle doit être représentée par des chiffres analogues à ceux que les astronomes emploient pour évaluer les distances cosmiques*. La suite du cours justifiera cette assertion.

100. *Divisions des temps géologiques*. — De même que l'histoire de l'Humanité se divise en un certain nombre de grandes périodes séparées par des événements considérables et marquées par le développement de telle ou telle civilisation, de même l'histoire de la Terre est divisée, par les géologues, en plusieurs grandes *ères* : l'ère *primaire*, l'ère *secondaire*, l'ère *tertiaire*, l'ère *quaternaire*, que caractérise le développement de tels ou tels grands groupes d'animaux et que séparent aussi de grands changements survenus dans la distribution des terres et des mers.

Et, de même que les historiens partagent leurs grandes divisions en dynasties et celles-ci en règnes, les géologues coupent leurs ères en *périodes* et celles-ci en *époques*.

Avec les progrès de la science, les subdivisions géologiques sont poussées fort loin et, aujourd'hui, on ne compte pas moins de *soixante époques* parfaitement étudiées et correspondant à autant d'*étages* où un certain nombre de fossiles particuliers se trouvent localisés.

101. *Caractères principaux des grandes divisions ou ères géologiques.* — L'*ère primaire* correspond au groupe des terrains primaires, qui commencent avec les couches où se trouvent les premiers fossiles. Pendant toute la durée de l'ère primaire, la vie n'a été représentée que par des formes inférieures; les animaux comprenaient surtout des Invertébrés; aussi la désigne-t-on également sous le nom d'*ère paléozoïque* ([1]).

L'*ère secondaire*, ou *mésozoïque* ([2]), marque un progrès dans le monde animé. C'est l'ère des Reptiles, qui étaient beaucoup plus nombreux, plus variés et plus puissants qu'aujourd'hui.

L'*ère tertiaire*, ou *caïnozoïque* ([3]) marque un progrès plus considérable encore. Les grands Reptiles ont disparu et, à leur place, ce sont les Mammifères, c'est-à-dire les êtres les plus élevés en organisation, qui dominent.

Enfin, l'*ère quaternaire*, dans laquelle nous nous trouvons encore, est caractérisée par la présence de l'Homme. Aussi l'appelle-t-on également ère *anthropozoïque* ([4]).

En poursuivant notre comparaison entre l'histoire de la Terre et l'histoire de l'humanité, nous pouvons dire que l'ère primaire correspond à l'*antiquité* de la Terre; l'ère secondaire, au *moyen âge*; l'ère tertiaire, aux temps *modernes*, et que l'histoire de l'ère quaternaire est de l'histoire *contemporaine*.

Évidemment l'*évolution de la Terre a été continue*; il n'y a pas de séparations brusques dans les divisions géologiques, pas plus que dans les divisions des historiens. Les coupures établies par les uns et les autres ne sont faites que pour venir en aide à notre esprit.

([1]) Du grec *palaios*, ancien, et *zôon*, animal : ère des animaux anciens.
([2]) Du grec *mesos*, intermédiaire, et *zôon*, animal : ère des animaux intermédiaires.
([3]) Du grec *kainos*, nouveau, et *zôon*, animal : ère des animaux nouveaux ou récents.
([4]) Du grec *anthropos*, homme.

Si l'on se base sur l'épaisseur des terrains qui leur correspondent, on peut affirmer que ces ères ont eu des durées très inégales. L'ère primaire a été beaucoup plus longue que l'ère secondaire, laquelle a été plus longue que l'ère tertiaire, laquelle a été plus longue que l'ère quaternaire.

Nous avons à esquisser les changements que la Terre a subis au cours de ces ères successives, à présenter les grands traits de son histoire. Mais le groupe des terrains primaires, nous l'avons dit tout à l'heure, ne comprend que des terrains renfermant des fossiles. Au-dessous des plus anciens de ces terrains s'en trouvent d'autres, plus anciens encore, et dans lesquels on ne trouve pas de fossiles. On les groupe sous le nom d'*archéens.* L'histoire de la Terre doit donc débuter par l'histoire des temps archéens, qui vont des origines au commencement de l'ère primaire.

102. *Origine de la Terre*. — D'après ce que nous enseigne l'astronomie, tout le système solaire, le soleil, les planètes et leurs satellites, a primitivement constitué une masse nuageuse, incandescente, c'est-à-dire une *nébuleuse* comme celles que nous observons encore dans le ciel. Cette nébuleuse solaire se divisa en plusieurs autres qui formèrent plus tard les planètes.

La Terre fut d'abord une de ces nébuleuses secondaires. Celle-ci se condensa, diminua de volume et passa à l'état d'*étoile*, brillant dans l'espace de son propre éclat.

Cette étoile se refroidit peu à peu par rayonnement. Elle finit par se transformer en une sphère liquide, entourée d'une atmosphère contenant, à l'état de vapeur, toute l'eau des océans et tous les corps volatils à la température de fusion des roches (au moins 1500°).

Les substances les plus légères et les plus réfractaires, la silice, l'alumine, la potasse, la soude se disposèrent à la surface de la sphère; au centre, se trouvaient les corps les plus lourds.

La température ayant encore diminué, les substances superficielles passèrent à l'état solide et la masse fondue fut dès lors enveloppée d'une pellicule rigide, ayant une composition chimique analogue à celle du granite.

Cette évolution astronomique de notre planète représente certainement un nombre fabuleux de milliers de siècles. La formation de la première écorce dut elle-même exiger un temps énorme, car cette écorce, d'abord composée de matériaux incohérents ou mal soudés les uns aux autres, dut se rompre et se reconstituer bien souvent avant d'acquérir une certaine solidité. A partir de ce phénomène de constitution de la première écorce, ou croûte terrestre, l'astronomie cède la parole à la géologie.

103. *Les premières mers et les premiers continents.* — Protégées contre le rayonnement calorifique de la masse

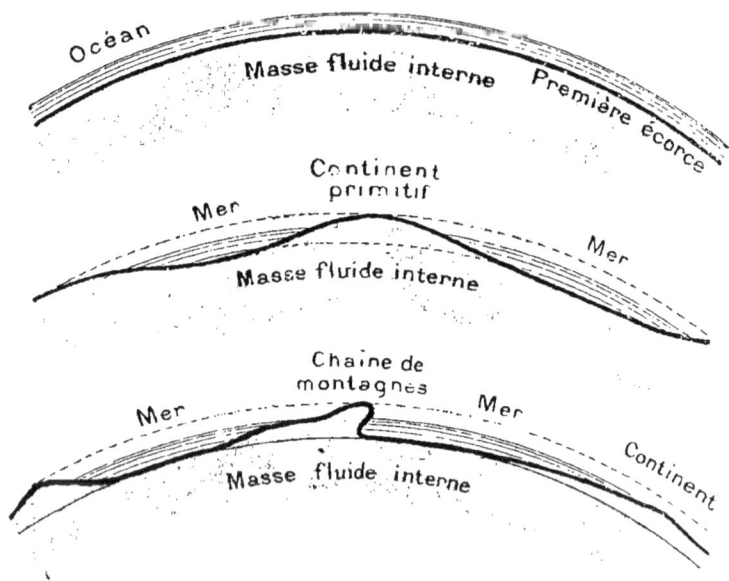

Fig. 107, 108, 109. — Croquis théoriques montrant la formation des premières mers et des premiers continents.

interne par la première croûte solidifiée, qui faisait office d'écran, les vapeurs de l'atmosphère ne tardèrent pas à se condenser et à se précipiter sur la terre qu'elles recouvrirent d'un océan sans rivages (fig. 107). Les substances volatiles et solubles, telles que le sel marin, y restèrent en dissolution.

Le refroidissement continuant, de nouvelles parties de la masse interne se solidifièrent au contact de la croûte superficielle qui augmenta ainsi peu à peu d'épaisseur.

En se refroidissant, le noyau central en fusion se contractait. A un certain moment, ce noyau se trouva trop petit pour l'écorce qu'il devait supporter, et cette écorce, manquant de point d'appui, s'infléchit, se rida, se plissa; le résultat fut la formation d'un certain nombre de saillies et de dépressions. La mer se retira dans les régions basses ou effondrées, tandis que les parties hautes ou surélevées formèrent les *premiers continents* et les *premières montagnes* (fig. 108 et 109).

Dès leur émersion, les roches primitives de la croûte terrestre furent attaquées par les agents atmosphériques (pluies, vagues de la mer) et désagrégées. Les produits de leur décomposition : cailloux, graviers, argiles, emportés dans les mers par les cours d'eau, s'y déposèrent en couches successives et y formèrent les premiers sédiments.

En même temps, les eaux marines, peu à peu refroidies et purifiées, devinrent enfin habitables et la vie fit son apparition. Les formes animales ou végétales, d'abord rares, simples et chétives, se multiplièrent peu à peu en se différenciant et se perfectionnant. Leurs débris, conservés dans les sédiments, sont devenus des fossiles.

104. *Explication des phénomènes géologiques d'origine interne.* — Si les choses se sont passées comme nous venons de le raconter, elles nous fournissent une explication des phénomènes d'origine interne.

Nous savons déjà que, lorsqu'on s'enfonce dans l'intérieur de la Terre, la température augmente en moyenne de 1 degré par 30 mètres. C'est ce qu'on appelle le *degré géothermique*. Si nous supposons, ce qui est vraisemblable, que la température augmente toujours avec la profondeur, il est facile de calculer qu'à 3000 mètres elle doit être d'environ 100°; à 12 kilomètres, elle serait de 400° (température du rouge) ; à 50 kilomètres de 1000°, et à 60 kilomètres de 2000°, température suffisante pour fondre toutes les substances connues.

Il est donc permis de penser que la Terre n'est pas complètement refroidie, qu'elle se compose encore de deux parties : une partie périphérique, solide, *écorce* ou *croûte terrestre*, et un noyau igné, ou partie centrale, liquide, dont la température est très élevée. Nous voyons de plus que l'épaisseur de l'écorce est très petite par rapport au rayon du globe terrestre :

$$\frac{60^{k} \ (\text{épaisseur probable de l'écorce})}{6750^{k} \ (\text{valeur moyenne du rayon de la Terre})} = \frac{6}{675} = \frac{1}{100^{e}} \ \text{environ}$$

(fig. 110). Cette manière de comprendre la constitution de la

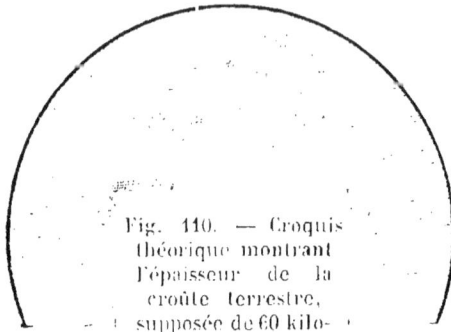

Fig. 110. — Croquis théorique montrant l'épaisseur de la croûte terrestre, supposée de 60 kilomètres, par rapport au rayon terrestre.

Terre est la *théorie du feu central*, hypothèse qui a le mérite d'expliquer d'une façon satisfaisante la série des phénomènes d'origine interne que nous avons déjà étudiés mais dont nous n'avions pas encore recherché les causes.

Cette théorie nous donne d'abord la raison des plissements des couches qui forment l'écorce terrestre (Voy. p. 94). Lorsque le noyau liquide se contracte et devient trop petit pour l'écorce, celle-ci s'infléchit, forme voûte au-dessus des vides qui se produisent, et l'on sait que le poids d'une voûte se traduit par des pressions latérales. Si ces poussées deviennent plus considérables, les plis peuvent être déjetés et renversés. Les *chaînes de montagnes* représentent les rides ou les bourrelets formés par des portions ou zones de l'écorce terrestre soumises à de puissants efforts de plissements.

Les grandes cassures, ou *failles*, ne sont que la conséquence de ces poussées latérales. L'écorce terrestre est divisée, par ces cassures, en une foule de compartiments : elle ressemble ainsi à une mosaïque ou à une marqueterie formées de morceaux juxtaposés. Et, comme cette marqueterie s'appuie sur une masse fluide, essentiellement mobile, elle est toujours en état d'équilibre instable. De là ces trépidations incessantes ou ces mouvements de l'écorce qu'on appelle les *tremblements de terre*.

Il est naturel qu'à travers ces fissures, et sous le poids des compartiments qui s'effondrent, en pressant sur elles comme de gigantesques pistons, les matières fondues de l'intérieur du globe se fassent jour, de temps à autre, au dehors. Les *volcans* sont donc des appareils mettant en communication l'intérieur du globe avec l'extérieur et apportant, à la surface de la Terre, les matières

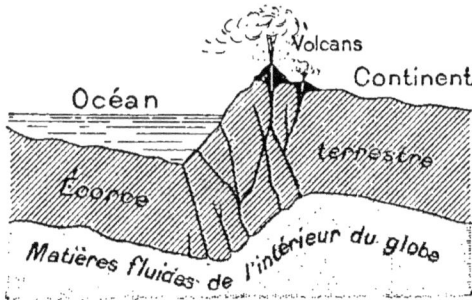

Fig. 111. — Croquis théorique montrant la position des volcans sur les points faibles de l'écorce terrestre.

incandescentes du noyau igné. On comprend aussi que les volcans soient particulièrement nombreux au bord des océans, car c'est là que se trouvent les grands ressauts de l'écorce terrestre, et c'est là que les cassures sont le plus nombreuses (fig. 111).

Enfin, il est clair que les *eaux thermales* ont emprunté leur température élevée aux régions profondes d'où elles proviennent.

105. **Les terrains archéens.** — Les terrains *archéens* [1] sont ceux qui, formés dans les mers primitives du globe, ne renferment pas de fossiles bien nets.

Dans tous les pays du monde, quand on peut observer directement la base des terrains primaires, on les voit reposer sur les terrains *archéens*.

[1] Du grec *arché*, commencement.

Ces derniers sont formés principalement par les roches *cristallophylliennes,* gneiss et micaschistes (V. p. 90).

On admet généralement que gneiss et micaschistes sont d'anciennes roches sédimentaires transformées, *métamorphisées* par des roches éruptives. On connaît, en effet, de nombreux exemples de roches nettement sédimentaires, renfermant des fossiles et qui, dans le voisinage et sous l'influence d'une masse éruptive, de granite par exemple, perdent leurs caractères, se chargent de cristaux pour prendre peu à peu l'apparence de vrais gneiss ou de vrais micaschistes. Il est naturel que les premiers dépôts sédimentaires, formés depuis plus longtemps, aient subi des vicissitudes plus nombreuses et soient, par suite, beaucoup plus métamorphisés. D'ailleurs, au moment où les terrains archéens se déposaient dans les mers primitives, la croûte terrestre était encore fort mince et les sorties de roches ruptives étaient très fréquentes.

Les terrains archéens, rarement horizontaux, ont presque toujours leurs couches relevées, souvent jusqu'à la verticale ; on y observe des phénomènes de plissements intenses et de nombreuses cassures, ou failles. Ces phénomènes mécaniques ont contribué beaucoup à les métamorphiser.

Il est permis d'affirmer que, parmi les roches cristallophylliennes, les dernières formées tout au moins ont renfermé des fossiles ; mais les transformations profondes qu'elles ont subies ont fait disparaître toutes traces organiques. Les terrains archéens sont bien les premiers feuillets du livre de la création, mais ces feuillets sont si noircis, si détériorés, que nous ne pouvons plus les déchiffrer.

106. *Répartition des terrains archéens. Roches et minéraux utiles.* — On observe les terrains archéens dans toutes les régions du globe. En France (voyez la carte géologique placée à la fin du volume), les gneiss et les micaschistes constituent, avec les roches granitiques, tout le Massif Central, le Limousin, le Morvan, les Cévennes. En Auvergne et dans le Velay, ils servent de socles à des volcans éteints qui datent de l'ère tertiaire. On les trouve aussi en Bretagne, dans les Vosges, dans les Pyrénées.

Les terrains archéens forment ordinairement des pays pauvres et peu fertiles, car la chaux est rare dans les roches cristallophylliennes. On y remédie au moyen d'amendements calcaires ou marneux.

Les gneiss sont utilisés pour bâtir les maisons, et les micaschistes, se débitant en larges et minces feuillets, font de solides toitures. Les granites, si répandus dans les territoires archéens, donnent aussi d'excellents matériaux de construction.

On rencontre dans les terrains archéens des pierres précieuses : le *saphir*, l'*émeraude*, la *topaze*, le *grenat*, etc. On y trouve aussi l'*amiante*, dont les filaments peuvent être tissés en étoffes incombustibles ou servir à faire des filtres. Le *graphite*, ou *plombagine*, forme des couches ou des lits dans les schistes cristallins.

Les terrains archéens sont particulièrement riches en filons, amas ou couches de minerais métallifères, d'où l'on extrait le fer, le zinc, le plomb, l'argent, l'antimoine, l'étain, etc.

107. Résumé. — Pour établir l'âge relatif des terrains qui composent l'écorce du globe, les géologues ont employé plusieurs méthodes basées sur l'étude des roches, sur l'étude de l'arrangement des terrains et sur l'étude des fossiles.

Cette dernière, ou méthode paléontologique, nous fournit les moyens d'établir la *chronologie relative* des terrains sédimentaires. L'histoire de la Terre a pu être ainsi divisée en un certain nombre d'*ères*, partagées elles-mêmes en *périodes* et en *époques*.

L'ère *primaire*, ou *paléozoïque*, est caractérisée par certains groupes d'animaux invertébrés. L'ère *secondaire*, ou *mésozoïque*, correspond au règne des Reptiles. L'ère *tertiaire*, ou *caïnozoïque*, a vu le développement des Mammifères. L'ère *quaternaire*, ou *anthropozoïque*, a vu le règne de l'Homme. Ces divisions ne sont que dans notre esprit ; en réalité, l'évolution de la Terre a été continue.

La Terre, d'abord *nébuleuse*, puis *étoile*, devint *planète* quand les substances superficielles se furent refroidies suffisamment pour passer à l'état solide et constituer une *écorce*.

D'abord recouverte d'un *océan sans limites*, cette écorce ne tarda pas à se plisser, par suite de la contraction du noyau interne. Ainsi se formèrent les premiers *reliefs continentaux* et les premières *dépressions océaniques*.

On peut admettre que la Terre se compose encore actuellement d'une mince écorce entourant un noyau fluide, incandescent. C'est la *théorie du feu central*, qui explique d'une façon satisfaisante les phénomènes de plissements et de ruptures des terrains, la formation des chaînes de montagnes, les tremblements de terre, les volcans, les eaux thermales, etc.

Les *terrains archéens* sont ceux qui, formés dans les mers primitives, paraissent dépourvus de fossiles. Ils sont composés principalement de roches cristallophylliennes, *gneiss* et *micaschistes*, et traversés par des roches éruptives, surtout des *granites*. Ils forment les régions les plus vieilles du territoire français, par exemple le Massif Central. Ils renferment beaucoup de substances utiles, pierres et minerais.

CHAPITRE XII

L'ÈRE PRIMAIRE. — LE MONDE ANIMÉ

108. *Définition et caractères généraux de l'ère primaire*. — L'ère *primaire*, ou *paléozoïque*, commence avec la formation des premiers terrains dont les fossiles nous aient été conservés.

Le monde animé, pendant l'ère primaire, était très différent du monde actuel. Les êtres vivants appartenaient aux groupes inférieurs du règne animal et du règne végétal. En fait de plantes, il n'y avait que des Cryptogames et quelques Gymnospermes. Pas de végétaux à fleurs, pas d'arbres à feuilles caduques, qui font aujourd'hui l'ornement de nos prairies et de nos bois. Quant aux animaux, ce n'étaient que des Invertébrés et, vers la fin seulement, des Poissons et des Quadrupèdes primitifs. Il n'y avait ni Oiseaux, ni Mammifères pour animer les paysages des premiers continents.

109. *Végétaux*. — Les premières plantes ont été des Cryptogames, ou végétaux sans fleurs. Mais ces Cryptogames avaient une variété et une grandeur inconnues de nos jours.

Ils étaient alors de véritables arbres, dont la forme, le port et le feuillage avaient un aspect bien spécial (fig. 113).

Les fougères herbacées ou arborescentes ont laissé de très nombreuses empreintes (fig. 112).

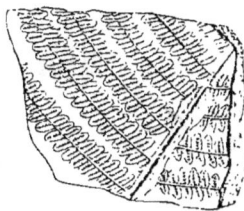

Fig. 112. — Empreinte d'une feuille de Fougère du terrain houiller.

On appelle *Calamites* des sortes de Prêles gigantesques. Les *Lépidodendrons*, les *Sigillaires* étaient des Lycopodes de 20 à 30 mètres de hauteur. Ces diverses plantes vivaient au bord des lacs,

Fig. 115. — Vue idéale d'une forêt de l'ère primaire. — 1, Diverses espèces de Cordaïtes ; 2, Fougères arborescentes et herbacées ; 5, Calamites ; 4, Sigillaires ; 5, Lépidodendrons ; 6, Touffe de Sphénophyllums.

des cours d'eau ou dans les marais. Sur les hauteurs voisines, croissaient des forêts de *Cordaïtes* ou des *Walchia*, analogues à nos arbres verts ou Gymnospermes.

Ce sont les débris accumulés de cette triste mais riche végétation qui ont formé la houille dont nous parlerons tout à l'heure.

110. *Animaux. Zoophytes et Brachiopodes*. — Les terrains primaires renferment de nombreux restes de Zoo-

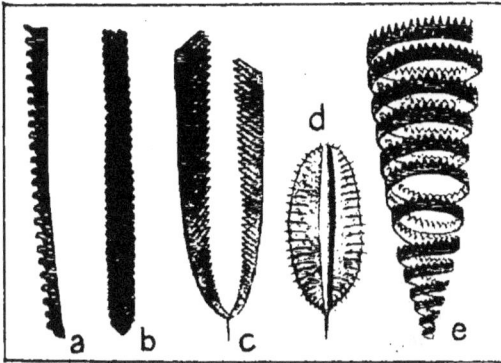

Fig. 114. — Diverses formes de Graptolites (grandeur naturelle).

Fig. 115. — Polypier du calcaire carbonifère (grandeur naturelle).

phytes. Il faut citer d'abord les *Graptolites* ([1]), empreintes délicates, de formes variées, mais toujours composées d'une tige ou axe, sur lequel se greffent de petites loges qui renfermaient chacune un polype (fig. 114).

Les squelettes calcaires des *Coraux* ou *Polypiers* (fig. 115), en s'accumulant sur les hauts fonds des mers primaires ou au bord des continents, y formaient des récifs analogues à ceux des mers équatoriales actuelles.

Les *Brachiopodes* sont des animaux marins enfermés dans une coquille calcaire composée de deux parties, ou *valves*, qui s'ouvrent ou se ferment, comme une boîte, au moyen

([1]) Du grec *graptos*, écrit, et *lithos*, pierre, parce qu'on a comparé ces petites empreintes à des caractères d'écriture.

d'une charnière (fig. 116). Le sommet de la grande valve, ou valve *ventrale*, forme un *crochet* percé d'un trou qui donne passage à un *pédoncule* servant à fixer l'animal. Quand on

Crochet perforé. Valve ventrale.

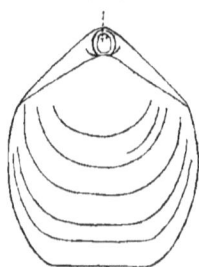

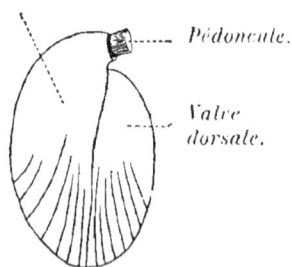

Pédoncule.

Valve
dorsale.

Fig. 116. — Coquille de Brachiopode vue de face
et de profil (grandeur naturelle).

Fig. 117. — Brachiopode
ouvert pour montrer
les bras spiraux, dont
l'un est déroulé (gran-
deur naturelle).

entr'ouvre les valves, on aperçoit deux rubans enroulés, munis de cils et servant à la préhension des aliments et à la respiration (fig. 117). On a comparé ces sortes de bras au *pied* des Mollusques; de là le nom de *Brachiopodes*.

Les Brachiopodes étaient autrefois beaucoup plus nombreux

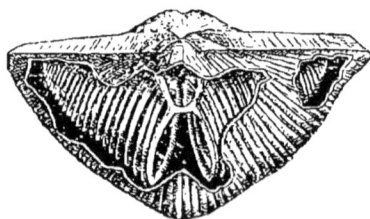

Fig. 118. — Coquille de *Spirifer* dont
une partie a été brisée pour montrer les spires de l'appareil brachial
(grandeur naturelle).

Fig. 119. — Coquille de
Productus, du calcaire
carbonifère (1/2 de la
grandeur naturelle).

et plus variés qu'aujourd'hui. Leur règne a eu lieu pendant l'ère paléozoïque et leurs coquilles abondent dans les terrains primaires.

Les plus communs sont les *Spirifers* (fig. 118), ainsi nommés parce que les bras étaient supportés par deux lames cal-

caires disposées en spirales ; on peut observer ces organes quand on brise délicatement l'une des valves (fig. 118).

Vers la fin des temps primaires, ce sont les *Productus* qui dominent ; leur coquille était souvent ornée de *productions* épineuses (fig. 119).

111. *Mollusques*. — Tous les groupes actuels de Mollusques étaient représentés dans les mers primaires ; les

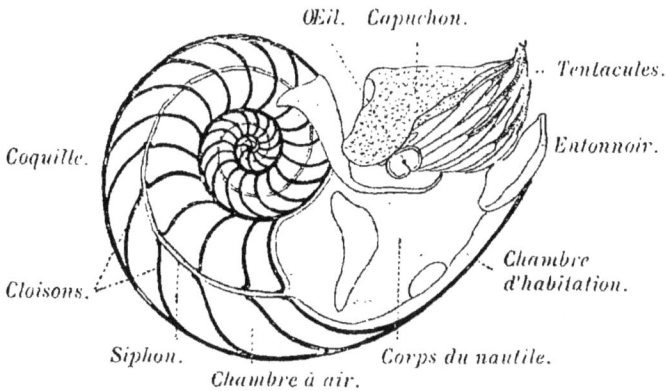

Fig. 120. — Organisation du Nautile actuel.
Le dessinateur a supposé que la coquille est coupée par le milieu.

Céphalopodes, qui sont les plus perfectionnés, étaient fort nombreux.

Il y avait déjà le genre *Nautile*, qui offrait tous les caractères des Nautiles vivant actuellement dans les mers chaudes du Pacifique (fig. 120).

La coquille du Nautile est formée d'une série de compartiments séparés par des cloisons et reliés entre eux par un tube, ou *siphon*, qui contient un prolongement du corps de l'animal. Le compartiment situé en avant, s'ouvrant à l'extérieur, est plus grand que les autres ; c'est la *chambre d'habitation*, où est logé le corps du Mollusque. Au fur et à mesure que celui-ci se développe, il agrandit sa coquille et sécrète de nouvelles cloisons.

A côté des vrais Nautiles, dont la coquille est complè-

tement enroulée (fig. 121), il y avait des coquilles dont les
tours se déroulaient, comme les *Gyrocères* (¹) (fig. 122) ;

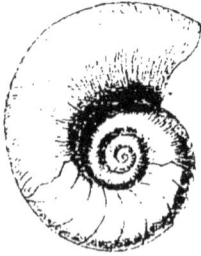   

Fig. 121.   Fig. 122.   Fig. 125.   Fig. 124.
Nautile.   Gyrocère.   Cyrtocère.   Orthocère.

d'autres qui, se déroulant davantage, prenaient la forme d'un
arc, les *Cyrtocères* (²) (fig. 125) ; d'autres enfin qui, s'étant

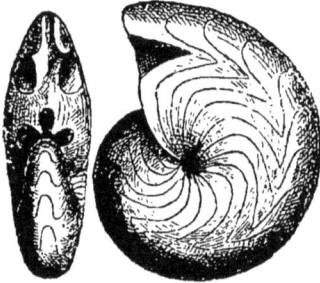

Fig. 125. — Goniatite du calcaire
carbonifère : coquille vue de
profil et de face. On remar-
quera la forme anguleuse des
cloisons (grandeur naturelle).

déroulées complètement, étaient
droites, les *Orthocères* (³) (fig.
124).

La ligne d'insertion des cloisons sur la surface extérieure de
ces coquilles est très simple, à
peine ondulée (fig. 124). Vers la
fin des temps primaires, on observe d'autres coquilles dont les
lignes d'insertion des cloisons sont
anguleuses (fig. 125). On les appelle, pour cette raison, des *Goniatites* (⁴).

112. Articulés. — Parmi les Articulés qui vivaient dans
les mers primaires, les plus importantes sont des Crustacés,
les *Trilobites*.

(¹) Du grec *guros*, circulaire, et *keras*, corne, parce que ce fossile a
l'aspect d'une corne enroulée.
(²) Du grec *kurtos*, courbe, et *keras*, corne.
(³) Du grec *orthos*, droit, et *keras*, corne.
(⁴) Du grec *gonia*, angle.

Ils sont ainsi nommés parce que leur corps, composé de trois parties : *tête, thorax* et *abdomen*, est encore divisé longitudinalement en trois lobes (fig. 126).

La tête d'un Trilobite comprend un lobe central, la *glabelle*, et deux lobes latéraux, les *joues*. Celles-ci portent des yeux, plus ou moins développés. Le thorax est composé, dans le lobe central, ou axe du Trilobite, d'une série d'*anneaux* qui se continuent dans les lobes latéraux par des *plèvres*. L'abdomen, plus ou moins développé suivant les genres, est composé d'anneaux soudés entre eux.

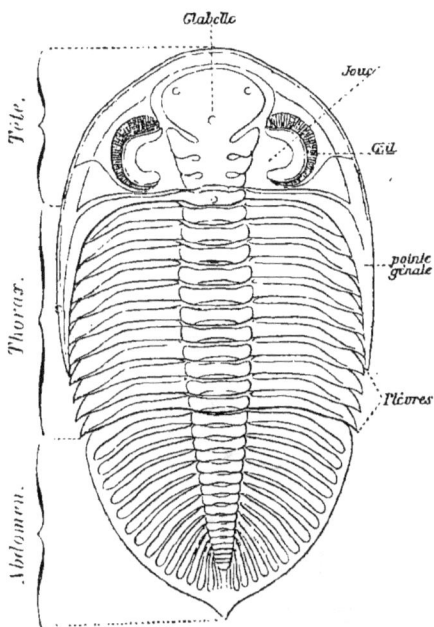

Fig. 126. — Organisation d'un Trilobite.

Cette disposition du corps, formé d'anneaux articulés et pouvant jouer les uns sur les autres, permettait à certains Trilobites de se rouler en boules comme les Cloportes. On les trouve souvent fossilisés dans cet état (fig. 127).

Les Trilobites avaient de nombreuses pattes qui servaient à la fois à la locomotion et à la respiration ; la tête était munie d'antennes et la bouche garnie de pattes-mâchoires ; ces divers appendices n'ont été conservés que d'une façon tout à fait exceptionnelle (fig. 128).

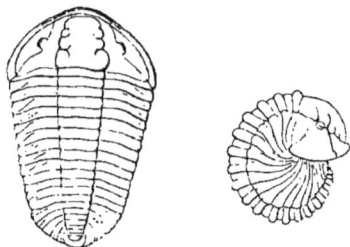

Fig. 127. — Trilobite du genre *Calymène* (terrain silurien). A gauche, animal déroulé ; à droite, le même enroulé (1/2 environ de la grandeur naturelle).

Les Trilobites sont cantonnés dans les terrains primaires. De plus, leurs formes si variées (fig. 126 à 129) sont réparties suivant un ordre constant. Ces fossiles sont donc des plus précieux pour les géologues.

A côté des Trilobites vivaient d'autres Crustacés de taille

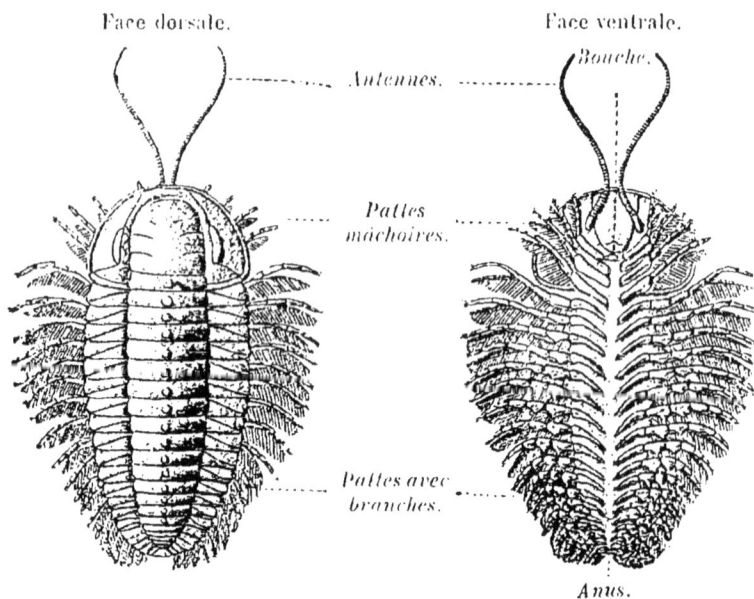

Face dorsale.   Face ventrale.

Antennes.

Bouche.

Pattes
mâchoires.

Pattes avec
branches.

Anus.

Fig. 128. — Reconstitution d'un Trilobite.

plus considérable ; tel le *Pterygotus*(¹), qui pouvait atteindre 1 m. 80 de longueur (fig. 150).

Il y avait aussi des Articulés sur les continents : *Myriapodes* ou Millepattes, *Araignées, Scorpions*. Dans les forêts houillères, les *Insectes* étaient nombreux, mais ils n'appartenaient pas aux groupes supérieurs. Comme il n'y avait pas encore de fleurs, il n'y avait ni Papillons, ni Abeilles, ni Fourmis. C'étaient surtout des Blattes et des Libellules. Ces dernières atteignaient des proportions véritablement gigantesques. On a trouvé, dans les terrains houillers de Commentry (Allier), des empreintes de Libellules qui avaient 0 m. 70 d'envergure ! (fig. 151).

(¹) En grec *pterys, pterygos*, aile, et *ous, otós*, oreille.

115. *Poissons*. — Parmi les Vertébrés, les plus inférieurs,

Fig. 129. — Diverses formes de Trilobites (grandeurs légèrement réduites).

c'est-à-dire les Poissons, ont apparu les premiers, vers le milieu des temps primaires. Mais la plupart différaient beaucoup des Poissons actuels. Tandis que leur colonne vertébrale n'était pas encore complètement ossifiée, leur corps était protégé par un revêtement de plaques osseuses très résistantes, une véritable armure, qui a valu à ces Vertébrés primitifs le nom de *Poissons cuirassés*.

La figure 65 représente quelques-unes de ces curieuses créatures : *Pteraspis* ([1]), dont le corps était allongé ; *Cephalaspis* ([2]), qui avait un bouclier céphalique semi-circulaire ; *Pterichthys* ([3]), dont les nageoires

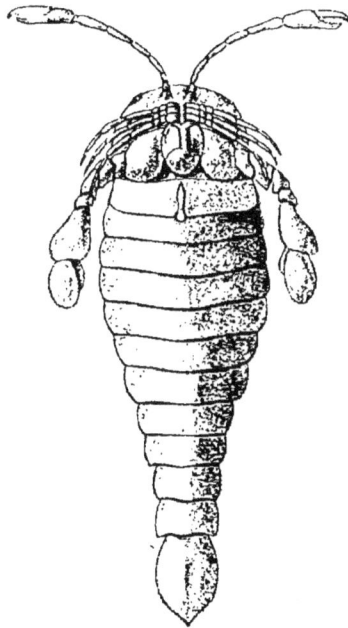

Fig. 130. — Restauration du *Pterygotus*, vu par sa face ventrale (1/20° de la grandeur naturelle).

([1]) Du grec *pteron*, aile, et *aspis*, bouclier.

([2]) Du grec *képhalé*, tête, et *aspis*, bouclier.

([3]) Du grec *pteron*, aile, et *ichthus*, poisson, cause de la forme de ses nageoires.

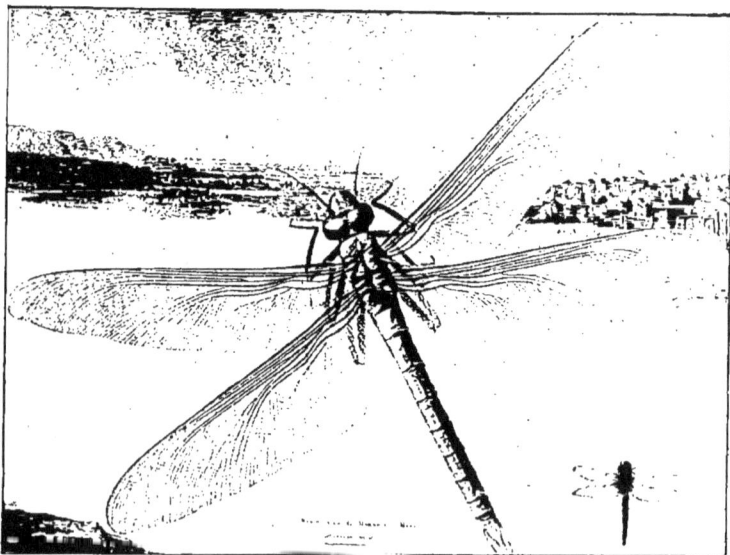

Fig. 151. — Restauration d'une Libellule trouvée dans le terrain houiller de Commentry. A droite et au bas de la figure, on a représenté une grande Libellule actuelle comme terme de comparaison.

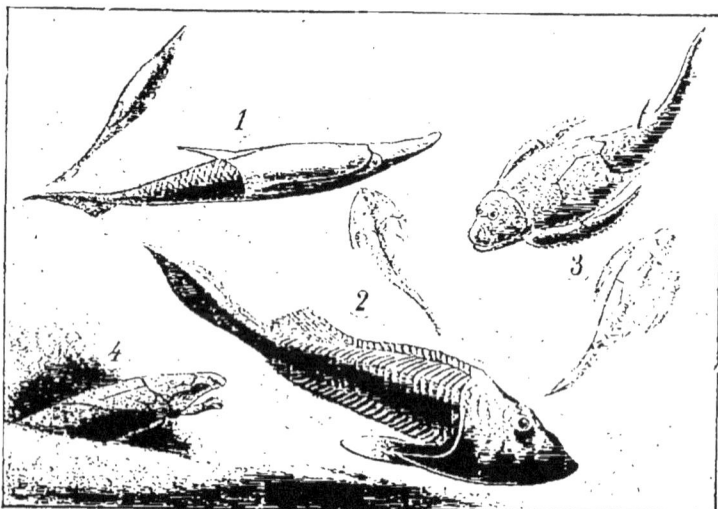

Fig. 152. — Restauration de divers Poissons cuirassés de l'ère primaire.
1. *Pteraspis* ; 2. *Cephalaspis* ; 3. *Pterichthys* ; 4. *Coccosteus*.

étaient articulées comme les pattes d'un Crustacé; *Coccosteus* ([1]), dont la cuirasse était finement chagrinée.

D'autres Poissons moins étranges (fig. 153) différaient des Poissons actuels parce qu'ils avaient une colonne vertébrale molle, non ossifiée, se prolongeant dans le lobe supérieur de la queue (disposition *hétérocerque*) et le corps recouvert d'écailles

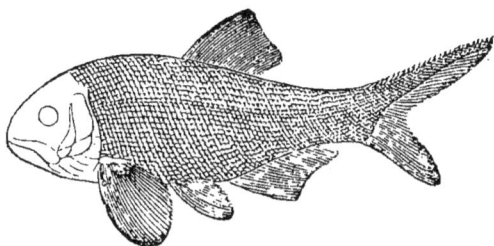

Fig. 153. — Poisson ganoïde de l'ère primaire (1/2 environ de la grandeur naturelle).

osseuses, fortes, brillantes, ce qui leur a valu le nom de *Poissons ganoïdes* ([2]).

114. *Premiers Quadrupèdes.*

Enfin, vers la fin de l'ère primaire, les Quadrupèdes font leur apparition, simultanément, sur presque tous les points du monde. Ce sont des Amphibiens et de petits Reptiles.

En France, on a trouvé plusieurs de ces animaux dans les schistes des environs d'Autun. Il faut citer d'abord les *Protriton* ([3]), qui respiraient par des bran-

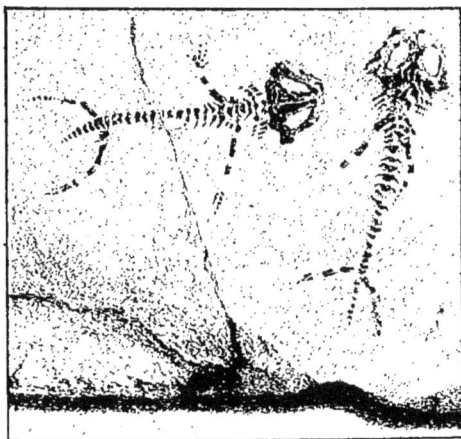

Fig. 154. — Squelettes de *Protriton* sur un morceau de schiste permien d'Autun (grandeur naturelle).

([1]) Du grec *coccos*, grain, et *osteon*, os. à cause des granulations de la surface des os.
([2]) Du grec *ganos*, éclat.
([3]) De *pro*, avant, et *triton*, salamandre aquatique.

chies (fig. 134) et qui représentent probablement les larves ou têtards de Batraciens plus volumineux, tels que l'*Actino-*

Fig. 135. — Plaque de schiste permien d'Autun sur laquelle se trouve un squelette d'Actinodon. (Longueur de cet échantillon : 0ᵐ,75).

don (¹) (fig. 135). Ce dernier animal, de forme trapue et plate, possédait une tête triangulaire, composée d'os fortement soudés entre eux et n'offrant que de petites ouvertures pour les yeux et les narines. Sa gueule, armée de dents pointues, dénote un régime carnivore. Son thorax était protégé par un système de plaques osseuses formant bouclier ; le reste était couvert d'écailles. Cette ossification extérieure contraste avec la faiblesse de la colonne vertébrale dont les éléments n'arrivaient jamais à s'ossifier complètement.

115. Résumé. — Le monde animé, pendant l'ère primaire, était très différent du monde actuel.

L'ère primaire est l'ère des Cryptogames : Fougères herbacées ou arborescentes ; grandes Prêles, ou *Calamites* ; gigantesques Lycopodes : *Lépidodendrons* et *Sigillaires*. Il y avait aussi des Gymnospermes.

La plupart des groupes d'animaux invertébrés sont déjà représentés dans les temps primaires. Des *Coraux* formaient des récifs. Les *Brachiopodes*, aujourd'hui peu importants, avaient alors des formes nombreuses et variées : *Spirifers*, *Productus*, etc.

(¹) Du grec *actis*, rayon, et *odous, odontos*, dent, parce que les dents de cet animal montrent une structure rayonnée.

Parmi les Mollusques, il faut citer surtout de nombreux *Céphalopodes* voisins du Nautile actuel.

Dans les mers vivaient des Crustacés d'un groupe tout spécial, les *Trilobites*, essentiellement caractéristiques des temps primaires, et aussi des Crustacés géants comme le *Pterygotus*. Sur la terre ferme, les Articulés étaient représentés par des Myriapodes, des Araignées, des Scorpions et par de gigantesques Libellules.

Les premiers Poissons avaient une colonne vertébrale rudimentaire, mais leur corps était recouvert de plaques osseuses, solides, chez les *Poissons cuirassés* ou de fortes écailles, brillantes, chez les *Ganoïdes*.

Enfin l'ère primaire a vu paraître les premiers Quadrupèdes représentés surtout par des Amphibiens tels que l'*Actinodon*.

CHAPITRE XIII

L'ÈRE PRIMAIRE. — LE MONDE PHYSIQUE

116. Caractères généraux des terrains primaires.
— Les terrains primaires sont constitués le plus souvent
par des *roches détritiques*, grès et schistes, ordinairement de
couleur sombre, de consistance dure, quelquefois un peu
cristallines.

Au point de vue *stratigraphique*, le principal caractère
des terrains primaires est qu'ils reposent *toujours directement*, soit sur le granite, soit sur les terrains archéens. Leurs
couches s'observent principalement dans les régions montagneuses; elles sont soulevées et plissées fortement, moins
pourtant que celles des terrains archéens.

Au point de vue *paléontologique*, nous avons vu que les
animaux fossiles les plus répandus et les plus caractéristiques
sont les Trilobites (V. p. 125) : *l'ère primaire est l'ère des
Trilobites.*

117. Divisions de l'ère primaire. — L'ère primaire a
duré très longtemps, car on peut évaluer à 18 000 mètres
environ l'épaisseur des terrains qui lui correspondent. On a
dû établir des divisions dans ce groupe immense; on s'est
basé à la fois sur les changements géographiques et sur les
changements du monde animé.

Les divisions principales de l'ère primaire sont :
1° La période *silurienne*;
2° La période *dévonienne*;
3° La période *carbonifère*;
4° La période *permienne*.

Chacune de ces périodes a été elle-même d'une très longue

durée; elle comprend plusieurs *époques* dans l'énumération desquelles nous ne saurions entrer ici.

Les terrains *siluriens*, formés pendant la période silurienne, tirent leur nom d'une région de l'Angleterre, où ces terrains sont très développés et qui était le pays des anciens Silures. La partie inférieure du Silurien a reçu le nom de *Cambrien* pour une raison analogue, à cause de son développement dans l'ancien pays des Cambres, en Angleterre.
Certains fossiles ne se trouvent que dans le Silurien et sont, par suite, caractéristiques de ce terrain, les Graptolites (fig. 114, p. 121). Les Trilobites y sont nombreux et variés.

Les terrains *dévoniens*, qui viennent ensuite, sont ainsi nommés parce qu'ils jouent un grand rôle dans la constitution du comté de Devon (sud de l'Angleterre). On n'y trouve plus de Graptolites. Les Trilobites commencent à diminuer. Certains Brachiopodes, les *Spirifers*, sont nombreux et caractéristiques. (Voy. p. 122, fig. 118). Enfin, c'est dans le Dévonien que les Poissons commencent à se multiplier.

Comme leur nom l'indique, les terrains *carbonifères* ([1]) sont riches en combustibles. Ils comprennent deux sortes de dépôts : 1° des formations marines où abondent de nouveaux Brachiopodes, les *Productus* (Voy. fig. 119, p. 122); 2° des formations terrestres renfermant de la houille.

Enfin, les terrains *permiens*, faciles à étudier dans la province de Perm (Russie), et qui comprennent aussi des dépôts terrestres avec charbons, renferment les squelettes fossilisés des premiers Reptiles (Voy. p. 129).

118. *Géographie des temps primaires*. — Pendant l'ère primaire, la géographie était très différente de la géographie actuelle. Ce que nous appelons l'Ancien et le Nouveau Continent n'existait pas encore. Une partie de l'Amérique du

([1]) Du latin *carbo, onis*, charbon. et *fero*, je porte.

Nord, le Groenland, et le nord de l'océan Atlantique formaient
une vaste terre ferme, un *continent boréal* constitué par des
roches archéennes et que baignaient les eaux d'une mer s'étendant sur l'emplacement de l'Europe occidentale actuelle. Au
sud de cette mer, sorte d'immense
Méditerranée, se trouvait un second
continent, qu'on peut appeler *tro-*

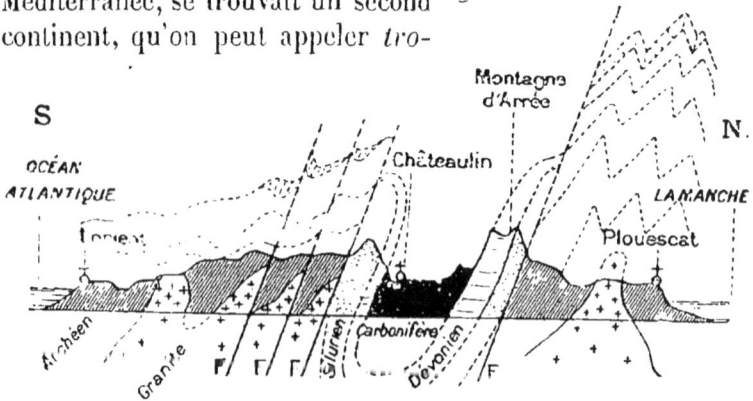

Fig. 156. — Coupe géologique de la Bretagne, du nord au sud. Au-dessus des
terrains actuels on a représenté, en lignes pointillées, les montagnes
enlevées par l'érosion. (D'après M. Barrois).

pical, et qui se développait sur l'espace occupé aujourd'hui
par l'Amérique du Sud, l'Atlantique, l'Afrique et le sud de
l'Asie (Voy. la planche I).

Les grandes chaînes de montagnes actuelles : les Alpes, les
Pyrénées, l'Himalaya, les Andes n'existaient pas. Mais il y
avait, le long du continent boréal dont nous venons de parler,
d'autres chaînes aux sommets élevés et qui ont été démolies
depuis par les érosions atmosphériques. C'est ainsi que surgit
d'abord la chaîne dite *calédonienne*, allant de l'Écosse à la
Scandinavie. Dans ces pays, en effet, les terrains siluriens sont
très plissés ; si l'on rétablit, par la pensée ou par le dessin, ce
que les érosions ont enlevé à ces plissements, on voit qu'ils
représentent une suite de hauts reliefs. De même, plus tard, à
l'époque carbonifère, alors que la première chaîne était déjà en
ruines, une seconde zone de plissements se produisit, la *chaîne
hercynienne*, traversant le pays de Galles, la Bretagne (fig. 156),

M. Boule.

Continent boréal

Continent tropical

GROENLAND

A S I E

EUROPE

AFRIQUE

AMÉRIQUE

AMÉRIQUE DU SUD

AMÉRIQUE Mars

AUSTRALIE

Équateur

OCÉAN ATLANTIQUE

OCÉAN INDIEN

OCÉAN PACIFIQUE

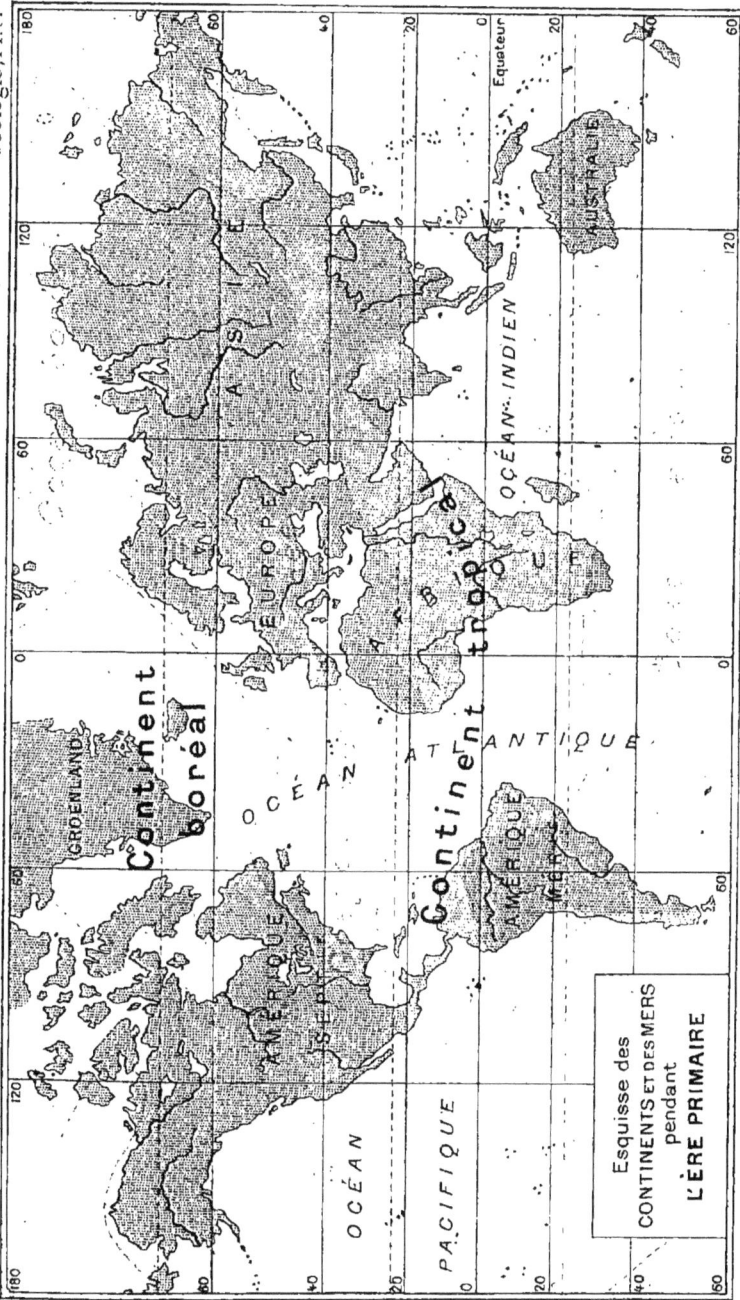

Esquisse des
CONTINENTS ET DES MERS
pendant
L'ÈRE PRIMAIRE

180 60 40 20 0 20 60

120

60

0

60

120

180 80 40 20 0 20 40 60

le Plateau Central de la France, les Vosges, la Sibérie et la Russie méridionale.

Au cours de l'ère primaire, les domaines maritimes et continentaux, dont nous venons d'esquisser les grands traits, subirent de multiples variations, tantôt s'agrandissant, tantôt diminuant.

Les cartes de la planche II montrent la répartition des terres et des mers à divers moments de l'ère primaire, sur la partie du globe terrestre qui forme aujourd'hui la France et les pays voisins (¹).

La première carte (pl. II, fig. 1) nous montre une géographie tout à fait inverse de la géographie actuelle. Sur l'emplacement de l'Atlantique se trouve un continent formé de terrains archéens, tandis que, sur l'Europe occidentale, s'étend une vaste mer, au milieu de laquelle surgissaient peut-être quelques îles, comme le Plateau Central de la France.

Après cette période, de grands mouvements du sol ont produit d'importants changements. Le long du continent atlantique la chaîne calédonienne s'est soulevée; la mer a été repoussée, de grands espaces ont été exondés : le Danemark, la Scandinavie, la Bohème (pl. II, fig. 2).

Cette distribution de la mer s'accentuant peu à peu, au début de la période carbonifère, l'Europe est transformée en une sorte d'archipel; la mer n'occupe que les dépressions les plus profondes de sa surface (pl. II, fig. 5).

Ce mouvement de retraite est précipité par l'apparition de la chaîne hercynienne. La mer est complètement rejetée vers le Sud et vers l'Est, de sorte que presque toute l'Europe occidentale est exondée. Dans les grandes dépressions marines

(¹) Ces cartes, ainsi que celles qu'on trouvera plus loin pour les ères secondaire et tertiaire, ont été dressées de manière à rendre *sensibles*, aux yeux des enfants, les principaux changements géographiques survenus au cours des âges géologiques. Il est inutile que l'élève cherche à les graver fidèlement dans sa mémoire. Ce ne sont que des images destinées à faire pénétrer dans son esprit la notion de transformation perpétuelle de la surface terrestre.

Les mers géologiques sont en bleu, les terres actuelles en gris.

d'autrefois, il n'y a plus que des lagunes, des lacs et de grands cours d'eau où s'accumulent, avec les alluvions provenant de la démolition de la chaîne hercynienne, les détritus de la somptueuse végétation qui croissait sur le continent (pl. II, fig. 4).

119. *Éruptions volcaniques.* — Au début de l'ère primaire, la croûte terrestre n'avait pas encore acquis une grande

Fig. 137. — Coupe géologique montrant comment se présentent parfois les roches éruptives de l'ère primaire.

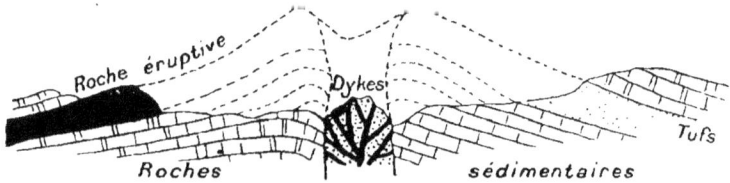

Fig. 138. — Croquis explicatif de la figure 68. On a reconstitué, en lignes pointillées, les contours probables de l'ancien volcan démoli par l'érosion.

solidité. Aussi les premiers terrains primaires sont-ils très souvent pénétrés et en partie métamorphisés par des roches granitiques et des porphyres. Il y eut ainsi de très bonne heure, dès le Cambrien, de véritables volcans. On trouve leurs ruines enfouies sous les sédiments plus récents, en Angleterre, en Bretagne, dans le Massif Central de la France, etc. En Angleterre, les produits volcaniques s'entassent parfois sur 2000 mètres d'épaisseur !

Dans certains cas de conservation exceptionnelle, on reconnaît les bouches éruptives, les cônes volcaniques, les pluies de cendres et les coulées; ce sont de véritables volcans fossiles qu'on a sous les yeux. Mais le plus souvent, l'érosion a eu le temps de les dégrader et de les démolir avant que la mer ne soit venue les recouvrir (fig. 137 et 138). Les matériaux

ESQUISSES GÉOGRAPHIQUES DE L'EUROPE OCCIDENTALE
À DIVERSES ÉPOQUES DE L'ÈRE PRIMAIRE.

M.Boule.

Géologie, Pl. II.

1. SILURIEN

Continent atlantique

ATLANTIQUE

MER DU NORD

MER BALTIQUE

LA MANCHE

Massif central

ADRIATIQUE

MÉDITERRANÉE

2. DÉVONIEN

Continent atlantique

Chaîne Calédonienne

ATLANTIQUE

MER DU NORD

MER BALTIQUE

LA MANCHE

Massif central

ADRIATIQUE

MÉDITERRANÉE

3. CARBONIFÈRE INFÉRIEUR

ATLANTIQUE

MER DU NORD

MER BALTIQUE

LA MANCHE

Massif central

ADRIATIQUE

MÉDITERRANÉE

4. CARBONIFÈRE SUPÉRIEUR

ATLANTIQUE

MER DU NORD

MER BALTIQUE

LA MANCHE

Chaîne hercynienne

Massif central

ADRIATIQUE

MÉDITERRANÉE

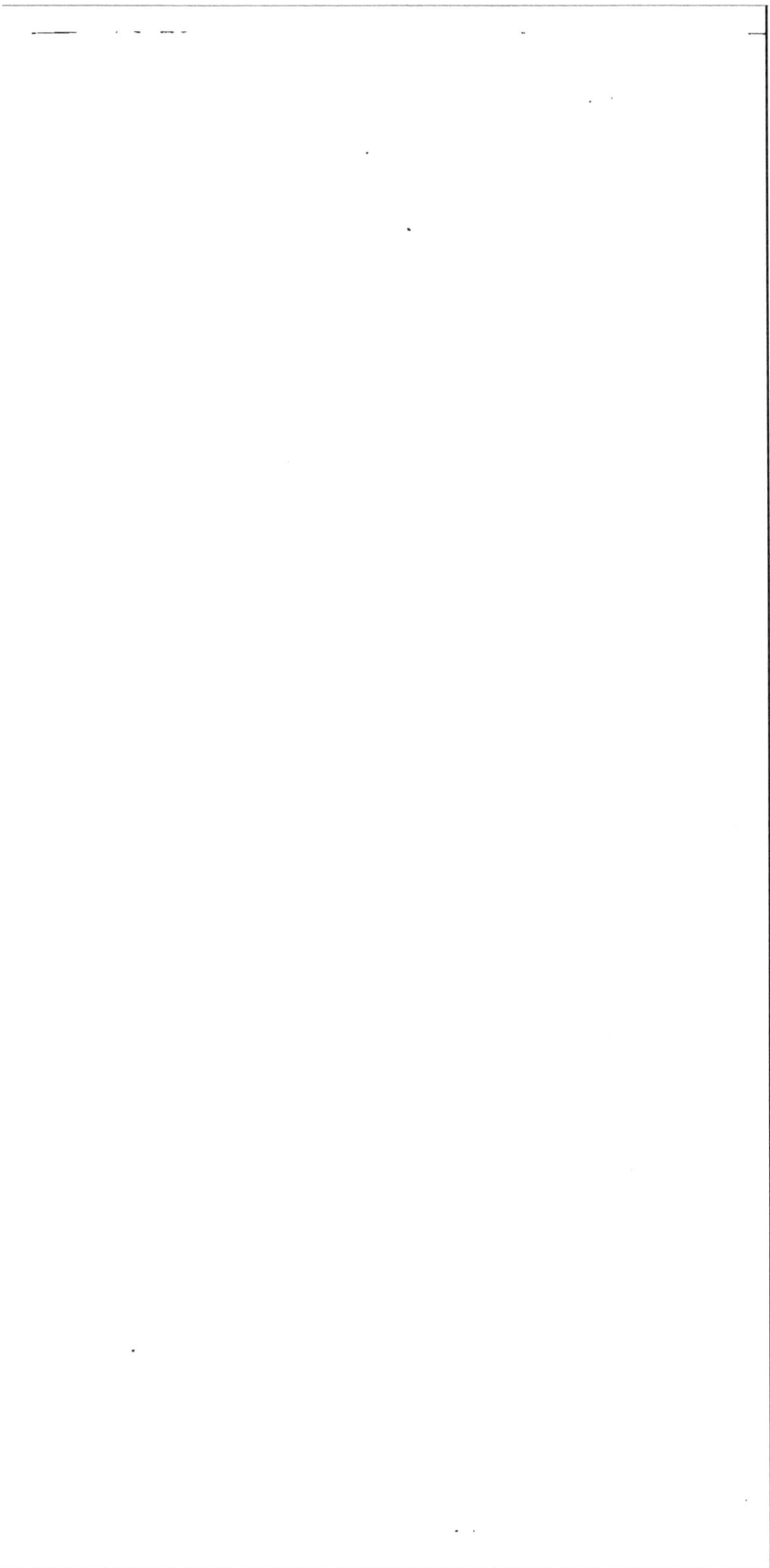

meubles, les produits de projection furent d'abord balayés ;
puis les coulées furent attaquées et détruites, en totalité ou
en partie. Dans les cas extrêmes, de beaucoup les plus fréquents, les reliefs volcaniques ont été complètement rabotés et
il ne reste, pour indiquer leur emplacement, que les anciennes
cheminées, ou *dykes*, faisant saillie au-dessus du sol comme
des murs en ruines.

Le soulèvement de la chaîne hercynienne fut accompagné,
en Bretagne, dans le Plateau Central, les Vosges, etc., d'éruptions volcaniques nombreuses et variées.

120. *Climat pendant l'ère primaire*. — Comme dans
tous les pays du monde les terrains primaires renferment les
mêmes fossiles, on peut affirmer que le climat de l'ère primaire était à peu près uniforme. La nature de ces fossiles
indique qu'en outre ce climat était très chaud. Le fait est
démontré notamment par l'existence de récifs de coraux dans
les mers qui recouvraient alors l'Europe et par la présence de
Fougères arborescentes dans les dépôts primaires du Spitzberg.

De plus, quand on examine les troncs d'arbres de l'époque
houillère, on n'observe pas, dans leur structure, ces zones
concentriques qui marquent de grandes différences dans les
saisons annuelles. Les contrastes entre l'été et l'hiver étaient
donc nuls ou très atténués.

L'étude des Insectes trouvés dans les terrains primaires nous
apprend qu'au moment de la formation de ces terrains, l'atmosphère était humide, car certains de ces Insectes avaient des
organes (trachéo-branchies) pouvant servir à la fois à la respiration aquatique et à la respiration aérienne. La lumière devait
être assez vive, car beaucoup d'ailes fossiles ont conservé des
traces des couleurs dont elles étaient ornées.

Malgré cela, il est probable que les grandes chaînes de montagnes de l'ère primaire ont eu des sommets neigeux et même
des glaciers.

**121. *Distribution géographique des terrains pri-
maires*.** — Ce que nous avons dit de la distribution des

terres et des mers aux diverses périodes de l'ère primaire
nous a appris en même temps dans quelle région les terrains
primaires doivent se trouver. Mais, sur beaucoup de points, ils
ont été recouverts par les dépôts des mers secondaires et tertiaires. Ils affleurent actuellement sur de grandes surfaces en
Angleterre, en Belgique, en Bohème, en Russie, dans l'Amérique du Nord, en Asie, etc.

En France (Voy. la carte placée à la fin du volume), le Silurien est bien représenté en Bretagne, le Dévonien dans l'Ardenne,
le Carbonifère dans le Nord et sur divers points du Massif Central. Il y a aussi des terrains primaires dans les Cévennes, les
Alpes, les Pyrénées.

122. *Matériaux des terrains primaires utilisés
par l'Homme.* — Ils sont à la fois nombreux et variés.

Fig. 159. — Carrière d'ardoises à Angers.

Parmi les roches détritiques primaires, les *grès* sont
exploités pour les empierrements et les constructions.

Les *schistes* et *phyllades* se présentent sous des épaisseurs énormes dans les Ardennes, la Bretagne, les Pyrénées. Les ardoises d'Angers, exploitées dans d'immenses carrières (fig. 159), servent à couvrir les toits des maisons, à faire des carrelages, des tableaux noirs, des tables de laboratoires.

Les calcaires construits par les Coraux fournissent de beaux marbres exploités près de Boulogne-sur-Mer, dans les Pyrénées, en Belgique.

Les terrains primaires sont, comme les terrains plus anciens et pour les mêmes raisons, riches en *substances métallifères* : filons de plomb, de zinc, etc.

Les terrains carbonifères renferment des lits ou des amas de *carbonate de fer* ; l'association de ce minerai avec la houille est une circonstance des plus heureuses pour l'industrie. Dans le Permien de l'Allemagne, des schistes sont imprégnés de minerais de *cuivre*.

125. Les Combustibles. — Parmi les matériaux des terrains primaires exploités par l'Homme, les combustibles tiennent, à tous égards, le premier rang.

C'est dans les terrains primaires que les Américains forent des puits pour aller chercher le *pétrole*. En France, à Autun, des schistes renfermant des substances bitumineuses donnent, par la distillation, l'*huile de schiste* analogue au pétrole.

Dans le Dévonien et la partie inférieure du Carbonifère, il y a surtout de l'*anthracite*, ou *charbon de pierre*. Dans le Carbonifère supérieur, ou *terrain houiller*, il y a surtout de la *houille*, ou *charbon de terre*.

L'anthracite est un charbon plus pur que la houille ; il ne renferme que 5 à 10 pour 100 de matières terreuses. La quantité de carbone est donc de 90 à 95 pour 100. Mais il brûle plus difficilement et ne saurait convenir à tous les usages de la houille.

La houille est le combustible minéral par excellence : c'est la houille qui éclaire nos cités, qui chauffe nos habitations, qui fait fonctionner les machines de nos usines, qui actionne nos grands instruments de transport sur mer et sur terre.

Elle est donc un des principaux facteurs de la civilisation moderne.

La houille est une substance noire, plus ou moins friable, à cassure brillante, renfermant de 75 à 90 pour 100 de carbone. La houille brûle facilement; elle est dite *grasse*, *demi-grasse* ou *maigre*, suivant qu'elle est plus ou moins riche en matières volatiles et qu'elle s'agglutine plus ou moins en brûlant. Ce sont les houilles grasses qui servent à fabriquer le gaz d'éclairage.

Dans notre pays, il y a deux régions houillères principales : la région du Nord, comprenant les bassins d'Anzin et de Valenciennes, et le Massif Central (fig. 140).

Terrains anciens | Bassins houillers | Terrains secondaires et tertiaires.

Fig. 140. — Carte des principaux bassins houillers du Massif Central de la France.

Les bassins du Nord sont les plus étendus et les plus productifs : ils se continuent en Belgique et en Allemagne.

124. Origine de la houille. — On ne saurait douter de l'origine végétale de la houille : elle est le résultat de l'accumulation et de la transformation des plantes qui ont vécu aux anciens âges de la Terre (V. p. 119).

Dans certains cas, cette accumulation et cette transformation se sont effectuées sur le lieu même, ou non loin du lieu où les végétaux ont vécu, dans des lacs, des marécages ou des lagunes. On trouve, en effet, dans les mines de houille, des

troncs d'arbres en places, avec leurs racines encore enfoncées
dans le sol qui les nourrissait (fig. 46, p. 52). On a donc affaire
ici à un processus plus ou moins analogue à celui des tourbières.
Mais souvent, la houille provient de l'accumulation de débris
végétaux flottés et entraînés par les cours d'eau dans des
dépressions lacustres ou lagunaires. La houille, dans ce cas,
est une véritable alluvion, au même titre que les argiles et les
graviers qui alternent avec
elle. C'est en partie de cette
façon que se sont formés les
gîtes houillers du Massif Central; ils représentent de vastes dépôts fluviatiles et lacustres dont les matériaux
étaient apportés par les cours
d'eau qui descendaient de la
chaîne hercynienne. Ces dépôts débutent ordinairement
par des éléments très grossiers, des conglomérats et
des poudingues dénotant un
régime torrentiel.

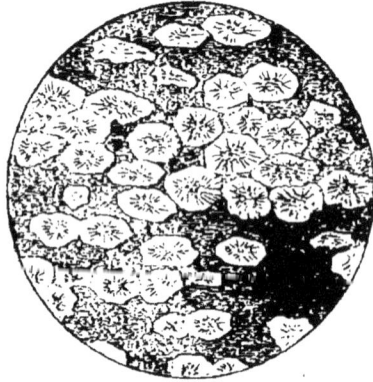

Fig. 141. — Morceau de charbon d'Autun, vu au microscope et formé par
une agglomération de petites algues.

Certains charbons, étudiés au microscope, se montrent formés presque exclusivement par des myriades de petites algues
(fig. 141) ou de grains de pollen.

La transformation des matières végétales en houille s'est
faite lentement, à l'abri de l'air, et probablement, sous l'influence de microbes qui décomposaient les tissus des plantes en
dégageant de l'acide carbonique et du gaz des marais. On a pu
découvrir ces microbes dans les tissus fossilisés des plantes
houillères.

125. *Disposition des couches de houille; leur exploitation.* — La houille forme au sein de la terre, au milieu de
grès et de schistes, des lits ou des couches dont l'épaisseur
peut varier depuis quelques millimètres jusqu'à plusieurs
dizaines de mètres. Dans les grès, on trouve souvent des troncs

d'arbres transformés en charbon. Dans les feuillets des schistes, qui sont des sédiments de texture plus fine, on rencontre à profusion des empreintes de feuilles.

Les mineurs donnent le nom de *toit* à la surface supérieure d'une couche de houille, et le nom de *mur* à la surface inférieure.

L'exploitation de la houille se fait de deux manières : à ciel ouvert ou par des puits et des galeries de mines.

Dans certains bassins, comme à Decazeville (Aveyron), où les couches de houille affleurent à la surface du sol, sont à peu

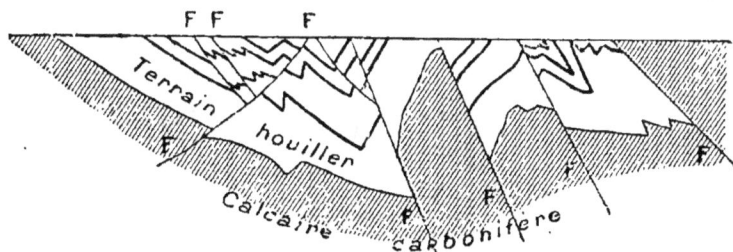

Fig. 142. — Coupe théorique du bassin houiller de Liége (Belgique) montrant les couches de charbons (traits noirs) plissées et coupées par des failles F.

près horizontales et ont une épaisseur considérable, on a intérêt à exploiter la houille dans des carrières à ciel ouvert (fig. 145). On enlève, au fur et à mesure qu'on avance, à la fois les roches stériles qui recouvrent la couche de combustible et le combustible lui-même.

Mais le terrain houiller est rarement horizontal ; le plus souvent, ses strates sont très inclinées, plissées en zigzag et coupées par des failles (fig. 142). Elles s'enfoncent dans la croûte terrestre jusqu'à des profondeurs considérables, quelquefois plus de 1000 mètres. Il arrive même que le terrain houiller n'affleure pas à l'extérieur et soit enterré sous d'épaisses couches de terrains plus récents. Dans ces cas, il faut aller à la rencontre des couches de houille en creusant des *puits* verticaux, d'où partent, aux divers niveaux correspondant à chaque couche, des *galeries* horizontales aboutissant aux gîtes houillers. Là, les mineurs débitent la houille avec des pics, la chargent sur des wagonnets qui l'amènent aux puits, d'où elle est remontée dans des bennes au moyen de machines à vapeur.

L'extraction de la houille des profondeurs du sol est pleine de dangers. Des éboulements peuvent emprisonner les ouvriers dans des galeries sans issue. Les travaux peuvent rencontrer des nappes d'eau qui inondent brusquement les chantiers et noient les ouvriers. Mais les accidents les plus terribles, faisant

Fig. 145. — Exploitation de houille à ciel ouvert à Decazeville (Aveyron).

parfois des centaines de victimes, sont produits par les explosions du *grisou*, ou gaz des mines, emprisonné dans la houille et formant avec l'air un mélange détonant. On ne peut éviter ces catastrophes que par la ventilation énergique des galeries et par l'emploi de lampes de sûreté à tôle métallique ou de lampes électriques.

126. **Résumé.** — Les terrains primaires, composés principalement de roches détritiques, *grès* et *schistes*, reposent toujours

directement soit sur le granite, soit sur les terrains archéens ; leurs fossiles les plus caractéristiques sont les *Trilobites*.

L'ère primaire a été divisée en quatre périodes :

1° A la période *silurienne* correspondent les *terrains siluriens* caractérisés par les Graptolites ;

2° A la période *dévonienne* correspondent les *terrains dévoniens* où l'on trouve des *Spirifers* et des Poissons ;

3° A la période *carbonifère* correspondent les *terrains carboni-fères* ; les uns, d'origine terrestre, sont riches en plantes fossiles ; les autres, d'origine marine, renferment des *Productus* ;

4° A la période *permienne* correspondent les *terrains permiens*, qui ont livré les squelettes des premiers Reptiles.

L'ère primaire a été marquée par de très nombreux changements géographiques. Notre pays, d'abord presque entièrement recouvert par les mers silurienne et dévonienne, a été peu à peu exondé et transformé en une terre ferme, parée de la riche végétation houillère. Une chaîne de montagnes, aujourd'hui démolie par l'éro-sion, la *chaîne hercynienne*, traversait la France en écharpe. Il y eut de très nombreuses *éruptions volcaniques*.

Pendant l'ère primaire, *le climat était très chaud*, à peu près uniforme et les saisons ne présentaient pas de grandes différences.

Les terrains primaires fournissent à l'industrie humaine des pierres pour les constructions, des *ardoises*, de très nombreux *marbres*, beaucoup de *minerais*, notamment de cuivre et de fer, et surtout le combustible minéral par excellence, la *houille*.

La houille se trouve en couches plus ou moins épaisses dans le *terrain houiller*. En France, les bassins houillers forment deux groupes principaux : celui du Nord (Anzin, Valenciennes) ; celui du Massif Central (Saint-Étienne, Alais, Commentry, etc).

La houille s'est formée par accumulation, ou transport, et décom-position lente au sein de l'eau, des débris de la riche et curieuse végétation de l'époque carbonifère.

Son exploitation se fait de deux manières : 1° par des carrières à ciel ouvert ; 2° par des mines souterraines ; celles-ci se composent de puits verticaux et de galeries horizontales. Cette exploitation expose les mineurs à de graves dangers (*grisou*).

CHAPITRE XIV

L'ÈRE SECONDAIRE. — LE MONDE ANIMÉ

127. Caractères généraux. — L'ère secondaire a vu le *règne des Gymnospermes*, ou arbres verts, parmi les Plantes, des *Reptiles* parmi les animaux vertébrés. Pour le géologue, deux groupes de Mollusques, les *Ammonites* et les *Bélemnites* ont une importance capitale, car ils sont aussi *caractéristiques des terrains secondaires* que les Trilobites, maintenant disparus, l'étaient des terrains primaires.

Tandis que l'ère primaire avait vu le développement et le règne des types inférieurs d'organisation, l'ère secondaire correspond ainsi au développement des types moyens. Aussi la désigne-t-on souvent sous le nom d'ère *mésozoïque*.

128. Végétaux secondaires. — La végétation des temps secondaires est, dans ses grands traits, toute différente de la végétation des temps primaires. Le règne des *Cryptogames* s'efface. Ce sont les *Gymnospermes* qui dominent. Et, parmi ces dernières, les *Cycadées*, aujourd'hui confinées dans les régions australes, introduisent dans le paysage une note nouvelle (fig. 144).

Les *Angiospermes* apparaissent dans la seconde moitié des temps secondaires. Parmi les Monocotylédones, les Palmiers remplacent peu à peu les Gymnospermes.

En même temps se montrent des Dicotylédones représentées par des genres actuels : Peupliers, Magnolias, Figuiers, Lauriers, Chênes, Hêtres, etc. Leur nombre augmente progressivement et, bientôt, des groupes arborescents très voisins des groupes actuels forment le fond de la végétation forestière.

129. Protozoaires, Zoophytes, Brachiopodes. — Les mers secondaires étaient peuplées de *Foraminifères* et de

Fig. 144. — Vue idéale d'une plage boisée, à l'époque jurassique. Prédominance des Cycadées.

Radiolaires (V. p. 54). Il y avait aussi beaucoup d'*Éponges*. Des *Coraux* construisaient, dans nos pays, des récifs semblables à ceux qu'on voit aujourd'hui dans les mers chaudes.

De grands *Crinoïdes*, ou Lis de mer, tapissaient le fond des océans (fig. 145), et les *Oursins*, rares pendant l'ère primaire, sont maintenant très nombreux.

Les *Brachiopodes*, qui ont eu leur règne pendant l'ère primaire, sont encore très abondants, mais beaucoup moins variés. La plupart des genres anciens sont éteints. Il ne reste plus guère que des *Térébratules* ([1]) et des *Rhynchonelles* ([2]). Il est vrai que leurs coquilles sont extrêmement répandues dans tous les terrains secondaires. Les Térébratules ont un test

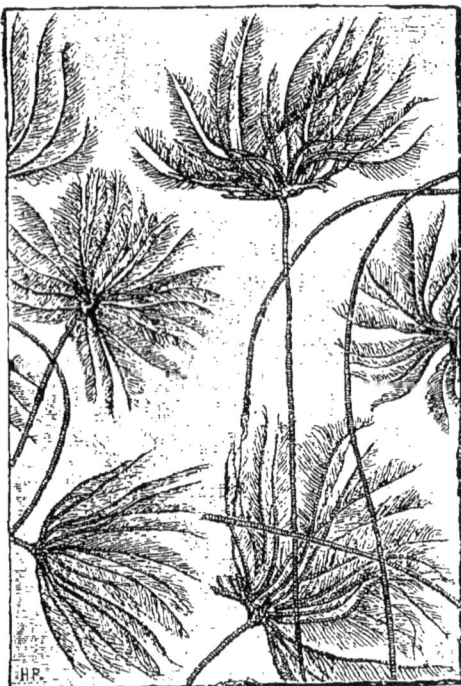

Fig. 145. — Crinoïdes sur une roche de l'ère secondaire. (Longueur vraie : 1^m,50).

lisse (fig. 146) et les Rhynchonelles un test plissé (fig. 147).

130. Mollusques. — Les *Lamellibranches* sont en progrès. Les Huîtres, très nombreuses, formaient des bancs entiers, comme aujourd'hui. Presque chaque niveau des terrains secondaires est caractérisé par une espèce spéciale. Une des plus

[1] Du latin *terebratus*, perforé, à cause du trou pour le passage du pédicule.

[2] Du grec *rhynchos*, bec, à cause du prolongement en bec de la grande valve.

communes est la *Gryphée arquée*, facile à reconnaître à son

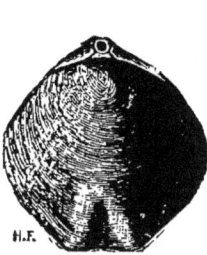

Fig. 146. — Térébratule
des terrains secondaires
(grandeur naturelle).

Fig. 147. — Rhynchonelle des terrains secondaires, vue de profil et de face (grandeur
naturelle).

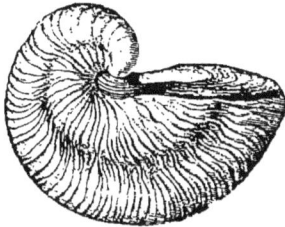

Fig. 148. — La Gryphée arquée, une
Huître des terrains du Lias (1/2
de la grandeur naturelle).

Fig. 149. — Une Huître de l'époque
crétacée (*Ostrea Couloni*) 1,5 de la
grandeur naturelle).

Fig. 150. — Coquille de Trigonie
des terrains jurassiques (grandeur naturelle).

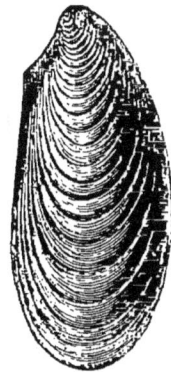

Fig. 151. — Coquille d'Inocérame
des terrains secondaires (1/2 de
la grandeur naturelle).

profil de lampe romaine (fig. 148). D'autres se rapprochent
davantage des Huîtres ac-
tuelles (fig. 149).

Il faut encore citer les
Trigonies (¹) (fig. 150),
dont il n'y a plus aujour-
d'hui que quelques repré-
sentants dans les mers qui
baignent l'Australie ; les
Inocérames (²), nombreux
dans les terrains de craie
(fig. 151).

Le genre *Hippurite* (³),
complètement éteint au-
jourd'hui, est des plus
curieux (fig. 152). Sa coquille, comme celle de tous
les Lamellibranches, était
formée de deux valves.
L'une d'elles, l'inférieure,
a la forme d'un cornet

Valve supérieure.

Valve inférieure.

Fig. 152. — Groupe de trois Hippurites du
terrain crétacé (1/5 environ de la grandeur naturelle).

allongé; la valve supérieure, aplatie, ferme le cornet comme
un couvercle. Les Hippurites se fixaient au sol, vivant en
groupes ou colonies, et leurs coquilles formaient, en s'accumulant, de véritables récifs analogues aux récifs coralliens.

151. **Ammonites.** — Les *Céphalopodes* sont de beaucoup
les Mollusques les plus intéressants de l'ère secondaire. Le
groupe des Nautiles, si important pendant l'ère primaire, est
maintenant très réduit. Il est remplacé par le groupe des
Ammonites, coquilles dont la forme rappelle celle des cornes

(¹) Du grec *treis*, trois, et *gonia*, angle, à cause de la forme triangulaire de cette coquille.
(²) Du grec *is, inos*, fibre, et *keramos*, poterie, les débris de ces
coquilles ressemblant à des morceaux de pots cassés à structure fibreuse.
(³) Du grec *hippos*, cheval, et *oura*, queue, à cause de la ressemblance
grossière de ce fossile avec une queue de cheval.

de bélier que les artistes de l'antiquité mettaient au front de Jupiter *Ammon* (fig. 155). Les Ammonites sont essentiellement caractéristiques des terrains secondaires.

La taille de ces coquilles varie de quelques millimètres à plus de 1 mètre de diamètre. Leur surface est ornée de mille manières par des côtes, des sillons, des tubercules, des épines (fig. 155 à 162), de sorte que les espèces sont très nombreuses et, *comme chacune d'elles est cantonnée à un niveau distinct et déterminé, elles se placent au premier rang des fossiles caractéristiques.*

Fig. 155. — Tête de Jupiter Ammon, d'après une sculpture antique.

La coquille des **Ammonites** ressemble beaucoup à celle des Nautiles; elle comprend une chambre d'habitation (fig. 154, *ch*) et une série de compartiments (*ca*) séparés par des cloisons et traversés par un siphon (*s*). Mais ici le siphon, au lieu d'être central, est situé sur le bord externe et les cloisons sont très différentes.

Chez les Nautiles, en effet, la ligne de suture des cloisons avec les parois de la coquille a une forme droite ou ondulée (fig. 165, A). Chez les Goniatites, cette ligne est anguleuse (fig. 165, B). Chez les *Cératites* ([1]), qui sont des

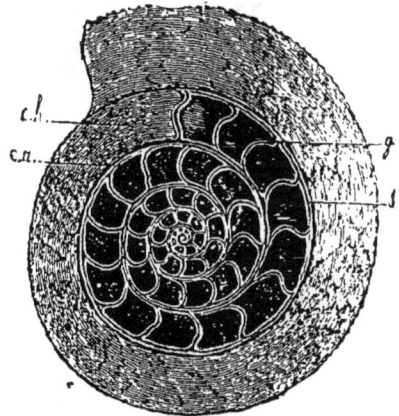

Fig. 154. — Ammonite coupée par le milieu pour montrer la chambre d'habitation *ch*, les chambres à air *ca*, le siphon *s* (1/5 de la grandeur naturelle).

([1]) Du grec *keras*, corne.

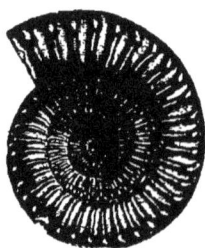

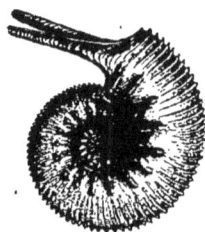

Fig. 155.　　　　　　Fig. 156.　　　　　　Fig. 157.

Fig. 159.

Fig. 158.

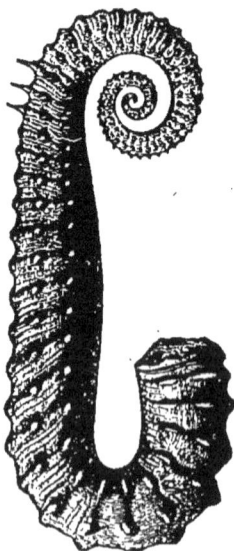

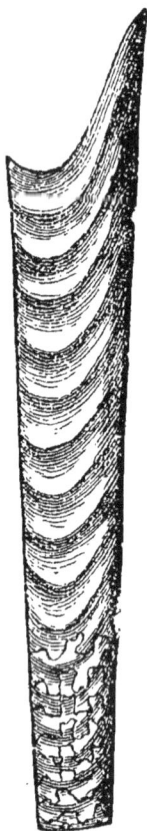

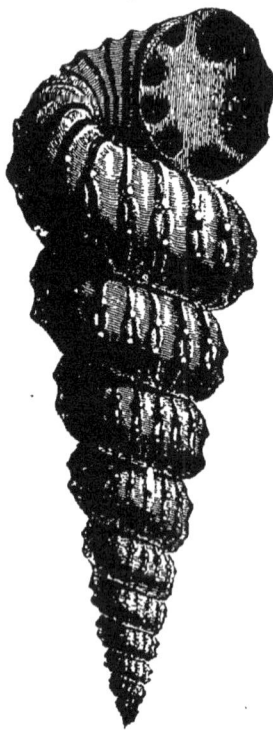

Fig. 160.　　　　Fig. 161.　　　　Fig. 162.

Fig. 155 à 159. — Diverses formes de coquilles d'Ammonites (grandeurs
réduites). — Fig. 160. Ancylocère. — Fig. 161. Baculite. — Fig. 162. Turrilite.

Ammonites de la première partie des temps secondaires, la
ligne se complique et se divise en lobes distincts (C). Chez les
Ammonites proprement dites, cette complication est poussée à

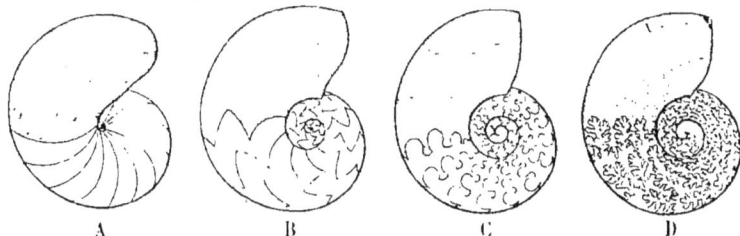

Fig. 165. — Croquis montrant la forme des cloisons chez divers Céphalopodes
fossiles. — A, Nautile ; B, Goniatite ; C, Cératite ; D, Ammonite. La chambre
d'habitation est représentée par une teinte grise.

l'extrême, et la ligne des cloisons prend la forme de feuillages
finement découpés (D).

Comme les Nautiles primaires, les Ammonites secondaires
ont produit des types déroulés. Tels les *Ancylocères*([1]) (fig. 160).
Les formes droites sont appelées *Baculites*([2]) (fig. 161). Les
Turrilites([3]) avaient leurs tours disposés en hélice (fig. 162).

152. Bélemnites.

152. Bélemnites. — Les Bélemnites([4]), fossiles aussi
caractéristiques des temps secondaires que les Ammonites,
sont des corps de nature calcaire, allongés en forme de cigares,
de fuseaux, de pointes de flèches (fig. 164). La base, c'est-à-dire
le gros bout, est creusée d'une cavité en forme d'entonnoir
et divisée par des cloisons. Ces corps sont les homologues de la
petite pointe, ou rostre, des os de Seiche (fig. 165).

Certaines empreintes, exceptionnellement nettes, montrent
que les animaux des Bélemnites ressemblaient beaucoup, en
effet, aux Calmars et aux Seiches des mers actuelles. Ils avaient
une poche à encre, qu'on retrouve souvent en parfait état de
conservation et qui renferme une sépia fossile avec laquelle on
peut encore peindre (fig. 166).

([1]) Du grec *agkulos*, recourbé, et *keras*, corne.
([2]) Du latin *baculus*, bâton.
([3]) Du latin *turris*, tour.
([4]) Du grec *belemnon*, trait, pointe de flèche.

155. *Animaux articulés. Poissons.* — Les *Crustacés*

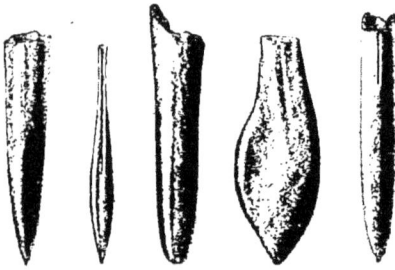

Fig. 164. — Diverses formes de Bélemnites
(grandeurs réduites).

des temps secondaires sont très différents de ceux des temps primaires. Il n'y a plus de Trilobites. Les formes supérieures, analogues aux Homards et aux Écrevisses, ou Décapodes, ont fait leur apparition.

Les *Insectes* se sont perfectionnés. Ils ont suivi l'évolution du règne végétal. Avec les plantes à fleurs sont venus les Papillons, les Abeilles et les Fourmis.

Les Vertébrés accusent des perfectionnements analogues. Les Poissons cuirassés n'existent plus. Les Ganoïdes demeurent abondants pendant la plus grande partie des temps secondaires. Mais les Poissons osseux, aux vertèbres bien ossifiées, apparaissent; ils augmentent graduellement au fur et à mesure que les Ganoïdes diminuent (fig. 167).

154. *Les Reptiles marins.* — Ce sont surtout les Reptiles qui impriment au monde animé de l'ère secondaire un caractère tout spécial. *Ils ont joué alors, par leur nombre, leur variété et leur puissance, le rôle dévolu aux Mammifères dans la nature actuelle.*

Les uns vivaient dans

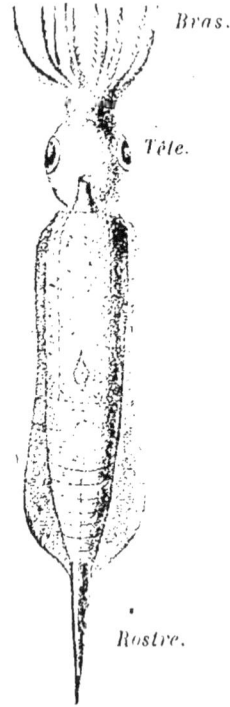

Fig. 165. — Os de Seiche (1/4 de la grandeur naturelle).

Bras.

Tête.

Rostre.

Fig. 166. — Restauration d'une Bélemnite. *Fac-simile* d'un dessin fait avec de la sépia fossile.

la mer, d'autres habitaient la terre ferme, les derniers avaient
la faculté de s'élever dans les airs.

L'*Ichthyosaure* ([1]) et le *Plésiosaure* ([2]) sont les mieux connus
des Reptiles marins (fig. 168). L'Ichthyosaure avait un museau de
Dauphin, des dents de Crocodile, une tête et un sternum de
Lézard, des pattes de Cétacé, un corps et des vertèbres de
Poisson.

Avec ces mêmes pattes de Cétacé, le Plésiosaure avait une
tête de Lézard, et un
long cou semblable à
celui d'un Serpent.

Vers la fin des temps
secondaires, les mers
étaient fréquentées par
d'autres Reptiles appelés
Mosasauriens ([3]). Ces
animaux avaient un corps
très allongé (fig. 169).
Leurs dents nombreuses,
énormes et tranchantes,
dénotent des instincts
très carnivores.

Fig. 167. — Sardines fossiles du terrain crétacé
(1/5 de la grandeur naturelle).

**155. Les Reptiles
terrestres.** — Les Rep-
tiles terrestres étaient encore plus étranges. On leur a donné
le nom de *Dinosauriens* ([4]).

Leur taille variait de quelques décimètres à 20 ou 25
mètres. Les uns avaient des mœurs carnassières ; d'autres se
nourrissaient paisiblement de végétaux. Certains avaient les
pattes de devant et de derrière également développées ; beaucoup
marchaient seulement sur les pattes de derrière, à la manière

([1]) Du grec *ichthus*, poisson, et *sauros*, lézard.
([2]) Du grec *plésion*, voisin, et *sauros*, lézard.
([3]) De *Mosa*, Meuse, parce que le premier exemplaire, étudié par
Cuvier, a été trouvé à Maestricht, sur les bords de la Meuse ou *Mosa*.
([4]) Du grec *deinos*, terrible, énorme, et *sauros*, lézard.

des Kanguroos, leurs membres antérieurs étant très réduits. Parmi les types les plus curieux, on peut citer d'abord

Fig. 168. — Reconstitution de l'Ichthyosaure (au premier plan)
et du Plésiosaure (au second plan).

l'*Iguanodon* ('), trouvé en Belgique (fig. 170). La hauteur de son squelette varie de 4 à 5 mètres. La queue, énorme, formait, avec les membres postérieurs, une sorte de trépied supportant

Fig. 169. — Squelette de Mosasaurien du terrain crétacé des États-Unis
(longueur vraie : 8 à 10 mètres).

le poids du corps, tandis que les membres antérieurs, plus réduits et armés d'un fort ergot, servaient à la préhension et à la défense.

(¹) Ainsi nommé parce que ses dents rappellent, par leur forme, celles d'un lézard actuel, l'Iguane.

Le *Tricératops* ([1]) était encore plus étrange (fig. 171). Sa tête avait 2 mètres de longueur. Elle était protégée par une armure compliquée : bec aigu et tranchant, corne aplatie en forme de hache sur le nez, grandes cornes effilées sur le sommet du crâne, expansion osseuse en forme de toit, dont le bord était hérissé d'os pointus !

Un des géants Dinosauriens était le *Diplodocus* ([2]) (fig. 172). Sa longueur atteignait 25 mètres et son poids était d'environ 20 tonnes. Son cou, très allongé et flexible, se terminait par une tête extraordinairement petite.

Fig. 170. — Squelette d'Iguanodon (longueur vraie : 9ᵐ,50 : hauteur vraie : 4ᵐ,50). Galerie de Paléontologie du Muséum.

Ces animaux étaient herbivores. Les Dinosauriens carnivores étaient moins grands. Parmi eux, le *Cératosaure* se fait remarquer par la corne tranchante qu'il avait sur la tête et par son armature buccale de 66 grosses dents coniques et aiguës. Les pattes étaient munies de griffes acérées (fig. 173).

Le règne des Dinosauriens a donc été le règne de la puis-

([1]) Du grec *treis*, trois, et *keras*, corne.
([2]) Du grec *diplous*, double, et *docos*, poutre, parce que les os de la queue appelés *chevrons* (diminutif de *poutres*) sont doubles.

sance physique et de la force brutale. Mais ces énormes bêtes étaient lourdes et stupides. On a calculé que, toutes propor-

Fig. 171. — Restauration du Tricératops (longueur vraie : 8 mètres).

tions gardées, le cerveau d'un Crocodile actuel, qui ne sau-

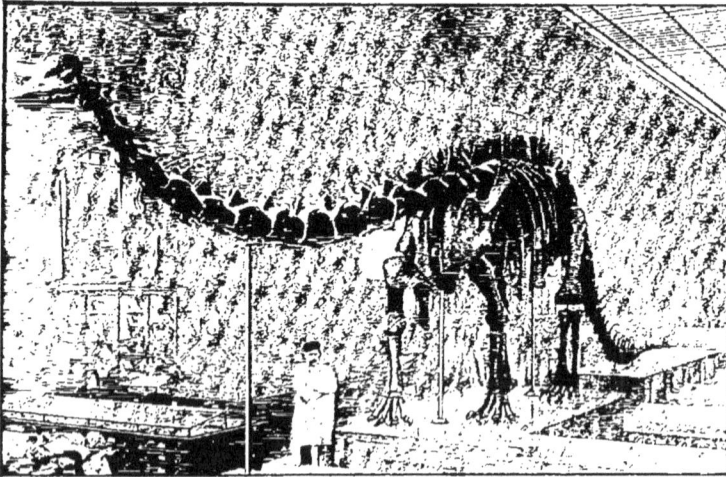

Fig. 172. — Squelette de Diplodocus (longueur vraie : 25 mètres). Galerie de Paléontologie du Muséum.

rait passer pour un animal bien intelligent, est cent fois plus volumineux que le cerveau d'un Diplodocus !

136. Les reptiles volants et les premiers Oiseaux. —

Fig. 173. — Restauration du Cératosaure (longueur vraie: 5 mètres).

Il y avait, pendant les temps secondaires, des Reptiles capables de s'élever dans les airs (fig. 174).

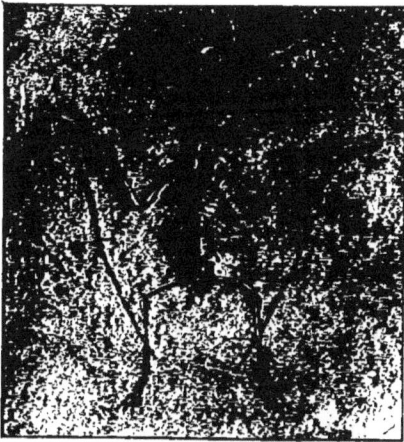

Fig. 174. — Squelette de Ptérodactyle (1/5 environ de la grandeur naturelle).

On a donné à ces animaux le nom de *Ptérodactyles* ([1]), qui rappelle leur caractère principal, celui d'avoir des ailes membraneuses comme les Chauves-Souris, mais soutenues seulement par un seul doigt, tandis que, chez les Chauves-Souris, tous les doigts s'allongent pour supporter l'aile, à la manière des baleines d'un parapluie.

Vers le milieu des temps secondaires, quelques Oi-

([1]) Du grec *pteron*, aile, et *dactylos*, doigt.

seaux commencèrent à disputer l'empire des airs à ces Reptiles volants. On leur a donné le nom d'*Archéoptéryx* (¹). Leur corps offre un mélange curieux de caractères d'Oiseaux et de caractères de Reptiles.

L'Archéoptéryx (fig. 175) était oiseau par la forme générale de son corps et par son plu-
mage. Mais il avait des dents, ce qui suffirait à le distinguer de tous les Oiseaux actuels. La partie postérieure du corps, au lieu d'être disposée en *crou-pion*, se continuait par une longue queue analogue à celle des Lézards et garnie de plu-mes. Les ailes étaient bien établies sur le plan des ailes d'Oiseaux, mais les os des doigts, au lieu d'être confon-dus pour former une sorte de moignon, restaient séparés et se terminaient par des griffes, de sorte que les mains ser-

Fig. 175. — L'Archéop-téryx (1/4 environ de la grandeur natu-relle.

vaient à la fois pour le vol, comme chez les Oiseaux, et pour la préhension, comme chez les Reptiles.

Plus tard, vers la fin de l'ère secondaire, les Oiseaux ne différaient guère des types actuels; ils avaient pourtant con-servé les dents de l'Archéoptéryx.

137. Les premiers Mammifères. — Au moment où les grands Reptiles dominaient toute la création, il y avait, sur certains points des continents, des êtres très différents, car leur sang était chaud, leur corps couvert de poils; ils allaitaient leurs petits avec des mamelles; mais ces premiers *Mammifères* étaient chétifs et clairsemés.

Les quelques débris qu'on a trouvés dans les terrains secon-

(¹) Du grec *archaios*, ancien, et *pterux*, aile.

daires (fig. 176) dénotent des animaux de petite taille, de la grosseur moyenne d'un Rat. Ils offrent les caractères des Mammifères inférieurs ou Marsupiaux

Fig. 176. — Mâchoire inférieure d'un petit Mammifère de l'ère secondaire (grandeur naturelle).

158. Résumé. — Pendant l'ère secondaire, la végétation, d'abord caractérisée par les Gymnospermes (Cycadées) s'enrichit, peu à peu, de *Palmiers* et de *Dicotylédones*.

Les animaux invertébrés se rapprochent des types actuels. Il y a pourtant quelques types spéciaux. Parmi les Mollusques, deux groupes de Céphalopodes sont tout à fait caractéristiques :

Les *Ammonites*, dont les coquilles ressemblent à celles des Nautiles, mais qui avaient des cloisons plus compliquées et le siphon situé sur le bord externe ;

Les *Bélemnites*, analogues aux Calmars et aux Poulpes des mers actuelles, mais dont le corps se terminait par une pointe ou rostre calcaire.

Les *Poissons* perdent peu à peu leurs caractères ganoïdes pour prendre les caractères des Poissons osseux.

Les *Reptiles* caractérisent les temps secondaires par leur nombre, leur puissance et leur variété. Dans la mer vivaient des *Ichthyosaures*, des *Plésiosaures*, des *Mosasaures*. La terre ferme était habitée par les *Dinosauriens*, les uns herbivores, les autres carnivores, les uns d'allure quadrupède, les autres d'allure bipède, les uns tout petits, les autres de 20 à 25 mètres de longueur. D'autres Reptiles, les *Ptérodactyles*, avaient la faculté de voler dans les airs.

C'est aussi de l'ère secondaire que datent les premiers *Oiseaux*, qui avaient conservé des dents et d'autres caractères de Reptiles.

Les *Mammifères*, rares, chétifs, étaient encore dans un état bien primitif.

CHAPITRE XV

L'ÈRE SECONDAIRE. — LE MONDE PHYSIQUE

139. *Caractères généraux*. — Au point de vue physique, on peut caractériser l'ère secondaire en disant qu'elle a été *une ère de stabilité et de calme relatifs*. Certes, pendant sa durée, les mers ont présenté de larges oscillations, leurs contours ont subi des changements importants, mais il n'y a pas eu de soulèvements de grandes chaînes de montagnes et, par suite, les éruptions volcaniques n'ont joué qu'un rôle effacé.

Les terrains secondaires comprennent de vastes et épaisses formations *calcaires* et *vaseuses*, indiquant des périodes de sédimentation tranquille. Ces roches, généralement très peu métamorphisées, ont des teintes plus claires que celles des terrains primaires ; leur ressemblance avec les sédiments actuels est beaucoup plus nette.

Les terrains secondaires reposent toujours soit sur les terrains archéens, soit sur les terrains primaires. Ils supportent les terrains tertiaires ou quaternaires. Sauf dans les chaines de montagnes, leurs couches sont moins plissées que les couches primaires.

Mais ce qui caractérise surtout les terrains secondaires, ce sont les fossiles : *il n'y a plus de Trilobites*; *il y a un peu partout des Ammonites et des Bélemnites*. Ces fossiles sont les plus utiles. Les Reptiles ne sont pas moins caractéristiques, mais leurs débris sont beaucoup plus clairsemés ; le géologue n'en trouve que rarement, tandis qu'il rencontre presque toujours, parfois à profusion, des Ammonites et des Bélemnites.

140. *Divisions de l'ère secondaire*. — L'ère secondaire représente une durée beaucoup moins longue que l'ère primaire. On peut évaluer à 4000 mètres environ l'épaisseur totale des dépôts qui lui correspondent. On l'a divisée en trois grandes périodes :

1° La période du *Trias* ;
2° La période du *Jurassique* ;
3° La période du *Crétacé*.

Le *Trias* tire son nom de ce qu'en Allemagne, où il a d'abord été étudié, les terrains qui le composent présentent *trois* termes principaux : à la base, un grès; au milieu, un calcaire, et, à la partie supérieure, des marnes.

Cette période sert de transition entre l'ère primaire et l'ère secondaire. Les Ammonites sont déjà nombreuses, mais elles n'ont pas encore atteint leur définitive complication. Ce sont surtout des *Cératites*, aux cloisons encore assez simples (fig. 177).

Les terrains *jurassiques*, ainsi nommés parce qu'ils forment les montagnes du Jura, sont composés d'argiles, de marnes, de calcaires souvent oolithiques. Les Ammonites y sont très nombreuses et de formes très variées. Les Reptiles marins, *Ichthyosaures* et *Plésiosaures*, sont à leur apogée.

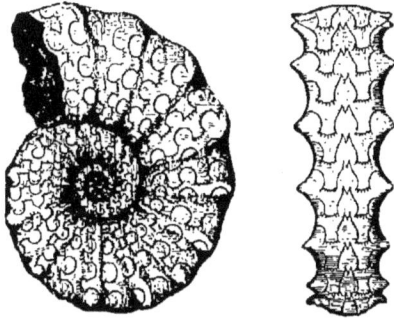

Fig. 177. — Cératite du Trias, vue de face et de profil (1/2 environ de la grandeur naturelle).

Les terrains *crétacés* doivent leur dénomination à ce qu'ils sont souvent formés par de la craie (*creta*, en latin). Ils renferment des Ammonites déroulées de diverses façons (fig. 160 à 162, p. 154). C'est le moment où les *Hippurites* prennent tout leur développement et construisent des montagnes calcaires. Enfin, la période crétacée nous offre deux événements biologiques importants : l'apparition des Végétaux angiospermes et le développement des Poissons osseux.

141. *Géographie des temps secondaires*. — Dans son

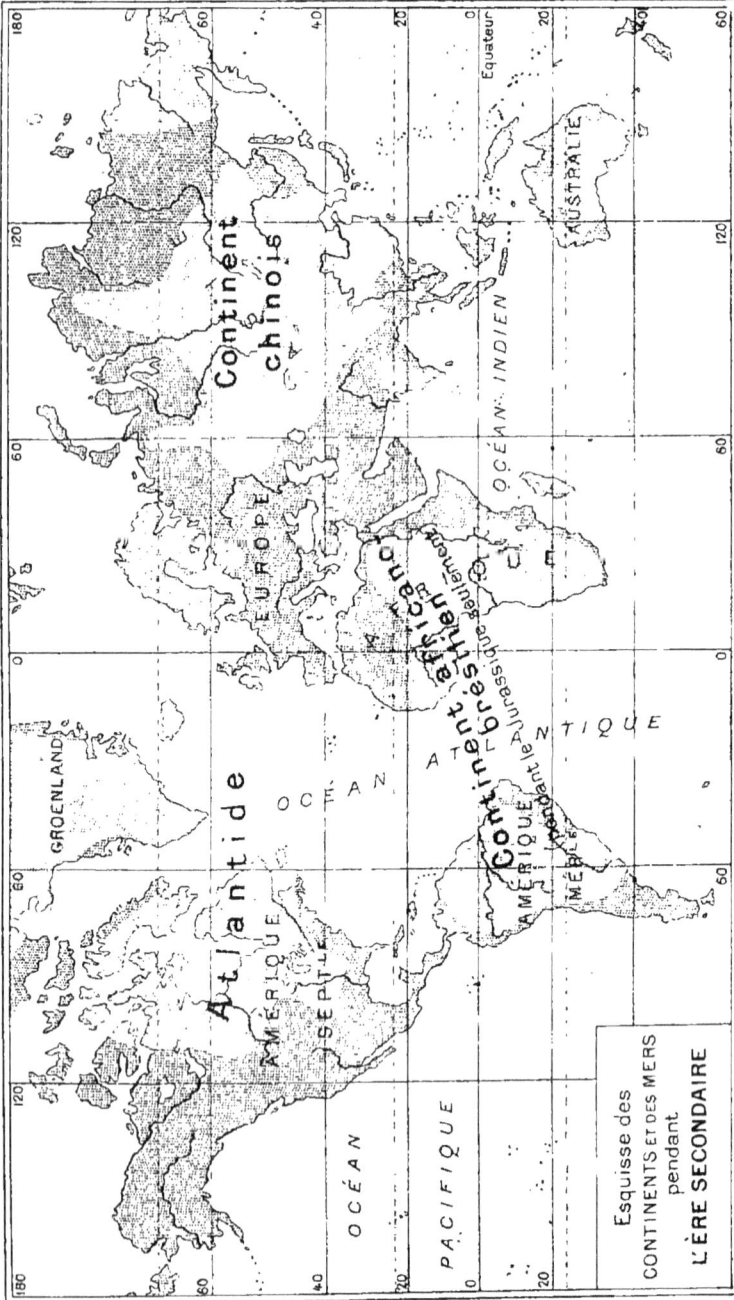

M Boule

Continent chinois

EUROPE

Continent africain

GROENLAND

Atlantide

OCÉAN

OCÉAN INDIEN

Équateur

AUSTRALIE

AMÉRIQUE SEPT^{le}

Continent brésilien

AMÉRIQUE pendant le Jurassique seulement

MER pendant le Jurassique seulement

ATLANTIQUE

OCÉAN PACIFIQUE

Esquisse des
CONTINENTS ET DES MERS
pendant
L'ÈRE SECONDAIRE

ensemble, la configuration générale des terres et des mers, pendant l'ère secondaire, est encore très différente de la configuration actuelle (planche III). Les deux Amériques sont en partie exondées, sauf les régions où se dresseront plus tard les Montagnes Rocheuses et les Andes.

L'Amérique du Nord reste unie au Groenland et même à l'Europe par un vaste continent que nous connaissons déjà, qui occupe l'emplacement de l'Atlantique et que nous pouvons appeler *Atlantide*. De même, l'Amérique du Sud, au moins pendant la première moitié de l'ère secondaire, est réunie à l'Afrique par un autre continent.

Entre ces deux grandes terres, l'Atlantide au Nord et l'Afrique-Amérique au Sud, s'étend une mer dirigée dans le sens Est-Ouest, vaste Méditerranée où les sédiments s'accumulent d'une façon ininterrompue.

Sauf la région scandinave, émergée définitivement depuis l'origine des temps primaires, l'Europe est une sorte d'archipel dépendant de cette grande Méditerranée dont le niveau subit de nombreuses oscillations. L'Asie est émergée dans sa plus grande étendue.

Pour avoir une idée plus complète de la longue série de changements survenus au cours de l'ère secondaire, examinons de plus près ceux qui ont eu pour objet le territoire qui est aujourd'hui notre pays (pl. IV).

Nous avons vu qu'à la fin de l'ère primaire la mer s'était retirée fort loin vers l'Est de l'Europe (pl. II, fig. 4). Au début de l'ère secondaire, avec le Trias, nous assistons à un retour offensif de l'élément marin, qui s'étend sur les emplacements actuels des vallées du Rhône et du Rhin et dans le Nord de l'Espagne (pl. IV, fig. 1). Vers l'Ouest, cette mer se prolonge par des lagunes où, comme en Lorraine, il se dépose du sel ; vers l'Est, elle est, au contraire, profonde.

Avec la période jurassique, l'envahissement s'accentue. Dans une première phase (pl. IV, fig. 2), les lagunes du Trias sont conquises par la mer et bientôt (fig. 3) toute l'Europe est transformée en un vaste archipel. En France, les terres émergées sont : la Bretagne, le Plateau Central, les Vosges, quelques îles sur l'emplacement des Alpes, etc. Le Plateau Central est séparé de la Bretagne par le *détroit du Poitou*, et de la région des Vosges par le *détroit de la Côte d'Or*.

Vers la fin de la période se place un retrait de la mer qui découvre de vastes étendues sur l'Ouest de la France, dans la région du Rhin et sur l'emplacement des futures Alpes (pl. IV, fig. 3). A ce moment, les Coraux édifient des récifs dans le Jura.

A l'origine du Crétacé, la mer est cantonnée dans le bassin du Rhône et dans le Nord du bassin de Paris. La géographie française est alors semblable, dans ses grands traits, à la géographie du début des temps secondaires. (Comparez les cartes 1 et 4.)

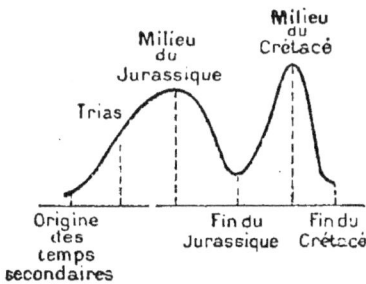

Fig. 178. — Courbe résumant les mouvements de progression et de retrait des mers secondaires en Europe.

Mais bientôt la mer revient sur les territoires qu'elle avait abandonnés. Le détroit du Poitou est rétabli ; les îles du Plateau Central, des Ardennes, de la Bretagne, des provinces rhénanes se rétrécissent, et, tandis que dans les mers du Nord, d'où les Polypiers ont émigré depuis longtemps déjà, il se dépose de la craie, dans les mers plus chaudes du Midi vivent de nouveaux constructeurs de récifs, les Rudistes (pl. IV, fig. 5).

Enfin, un nouveau mouvement de retrait des eaux salées marque la fin de l'ère secondaire (pl. IV, fig. 6). L'ensemble de ces phénomènes peut se représenter théoriquement par la figure 178.

142. Chaînes de montagnes et éruptions volcaniques. — L'ère secondaire a été une ère de tranquillité. La croûte terrestre a eu des mouvements oscillatoires, larges, qui ont produit les changements géographiques que nous venons d'esquisser, mais ces mouvements n'ont pas donné lieu à la formation de grandes chaînes de montagnes.

ESQUISSES GÉOGRAPHIQUES DE LA FRANCE À DIVERSES ÉPOQUES DE L'ÈRE SECONDAIRE.

M.Boule.

Géologie, Pl. IV.

1. TRIAS

2. Début du JURASSIQUE

3. Milieu du JURASSIQUE

4. Fin du JURASSIQUE
Début du CRÉTACÉ

5. Milieu du CRÉTACÉ

6. Fin du CRÉTACÉ

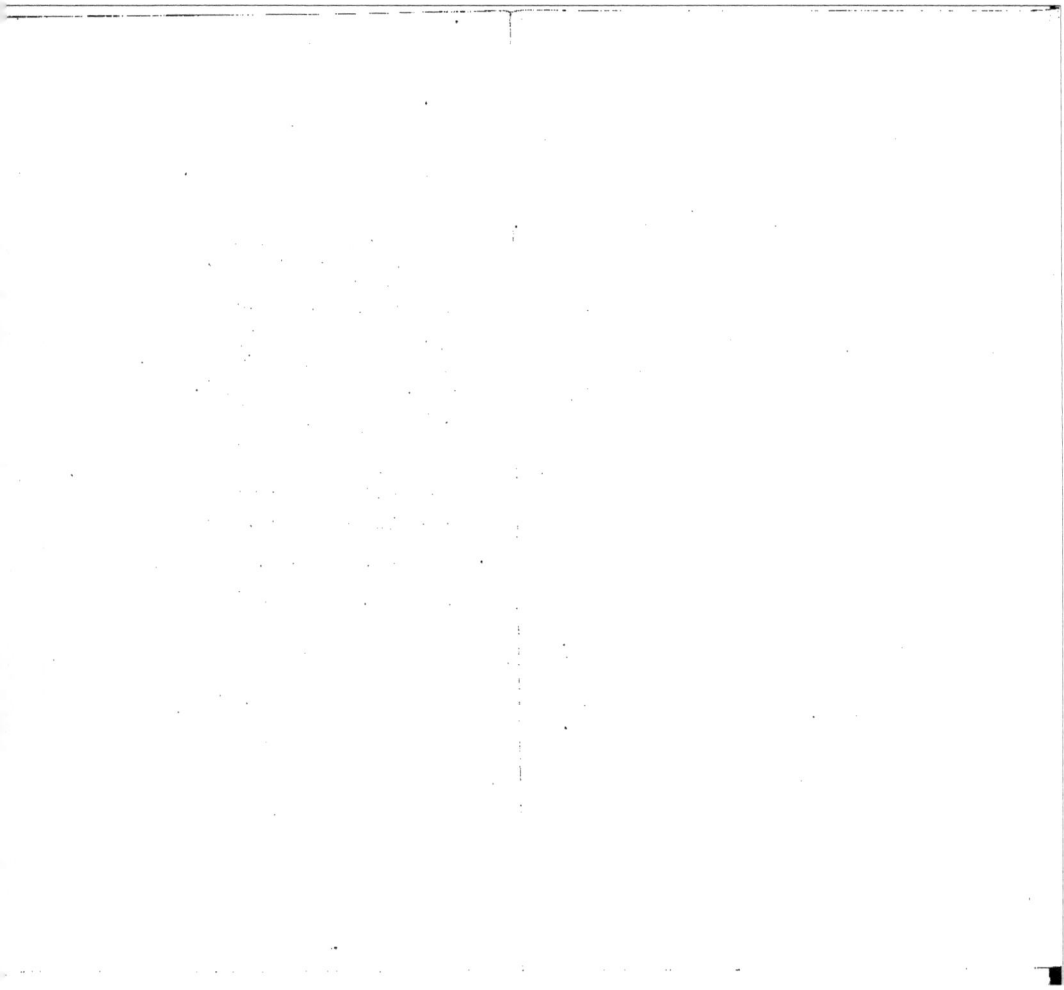

La *chaine hercynienne*, très dégradée et toute morcelée dès l'origine des temps secondaires, finit de se démolir sous l'action des agents atmosphériques. La Bretagne, le Centre de la France, les Vosges, qui représentent des fragments de cette chaîne, sont maintenant des plateaux uniformes, aux reliefs très usés.

De même, et par voie de conséquence, l'ère secondaire fut très pauvre en éruptions volcaniques, du moins dans nos régions. Pendant la période du Trias, les phénomènes volcaniques ont encore persisté, échos affaiblis du régime primaire. Dans les deux Amériques, et sur quelques autres points du globe, il y eut des éruptions plus importantes.

113. Climat des temps secondaires. — La température générale était partout beaucoup plus élevée qu'aujourd'hui. Les plantes qui croissaient alors dans nos pays ne vivent actuellement que dans les parties les plus chaudes du globe. Les Reptiles, dont c'était le règne, sont aussi de grands amis de la chaleur.

Pourtant l'étude des plantes fossiles de l'ère secondaire dénote un commencement de différenciation des climats. Ce ne sont plus les mêmes espèces végétales qu'on rencontre à toutes les latitudes, comme cela avait lieu pendant l'ère primaire. Il y a déjà de grandes provinces botaniques accusant une diminution de température en allant de l'équateur vers les pôles.

L'étude des fossiles marins parle dans le même sens. Les récifs construits par les Polypiers des mers secondaires ne sont pas tous du même âge. Les plus anciens se trouvent le plus au Nord ; on les voit ensuite émigrer peu à peu vers le Sud, ce qui indique un refroidissement progressif de la mer en se dirigeant du Sud vers le Nord.

114. Distribution géographique des terrains secondaires. — Les dépôts marins de l'ère secondaire sont très développés en France. Ils forment, autour de la masse cristalline du Plateau Central, qui a réglé de bonne heure l'harmonie de la géographie française, toute une série de bassins où les couches affleurent suivant des sortes d'auréoles concentriques. (Voy. la carte placée à la fin du volume).

Imaginons un voyageur partant du sommet des Vosges et se dirigeant en droite ligne sur Paris. Il observera la coupe géologique que représente la figure 179.

Sur l'ossature des Vosges, formée de granites, de schistes archéens et de terrains primaires, il verra d'abord reposer des grès rouges ou jaunes dans un pays assez accidenté, couvert de forêts de Pins. Puis il traversera une région calcaire, riche

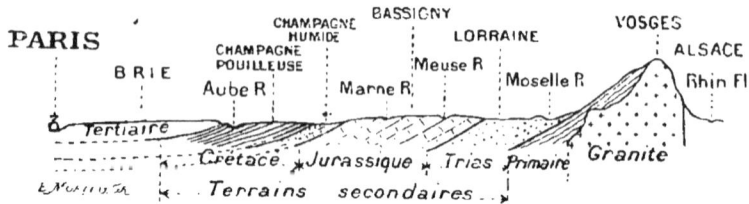

Fig. 179. — Coupe géologique des Vosges à Paris.

en terres labourées et à laquelle succèdent des marnes de couleurs variées ; celles-ci forment un sol plat, humide, parsemé de prairies, d'étangs et de bois. Cet ensemble, qui donne à la haute vallée de la Moselle une physionomie toute spéciale, constitue le Trias.

Les terrains du Trias s'enfoncent sous les terrains jurassiques. Ceux-ci forment deux zones bien différentes : la première, en partie marneuse, présente des terres fortes, fertiles, avec des bois et des pâturages ; la seconde, surtout calcaire, des plateaux secs, couverts de cailloux, coupés de vallées abruptes, favorables à la culture de la vigne ; c'est le *Barrois* et le *Bassigny*.

L'auréole crétacée, qui vient ensuite, comprend également deux zones : la première, composée d'argiles imperméables et de sables, constitue la *Champagne humide* ; c'est une région ondulée, avec des prairies et des bois. La seconde zone offre avec la première un contraste absolu ; c'est la *Champagne pouilleuse*, au sol crayeux, blanc, très perméable et par suite aride, couvert d'un maigre gazon. Aussi les habitations y sont-elles localisées le long des cours d'eau.

La craie ne tarde pas à s'enfoncer à son tour sous les terrains tertiaires qui occupent ici le *Plateau de la Brie* s'étendant jusqu'aux portes de Paris. Si nous poursuivions notre route au delà de la capitale, nous retrouverions ces terrains dans un ordre inverse, avant d'arriver aux territoires primaires et archéens de la Bretagne.

Les terrains secondaires sont également disposés en auréoles

Fig. 180. — La vallée de la Jonte et les causses de la Lozère.

successives dans les bassins de la Garonne et du Rhône. Redressés et très plissés dans les Alpes et les Pyrénées, ils forment, sur la bordure sud du Massif Central, cette curieuse région des Causses, plateaux élevés, véritables déserts de pierres, pays des gorges profondes, des gouffres et des cavernes, résultant de la dissolution des calcaires (fig. 180).

Dans le Midi de la France, le Crétacé n'est pas formé par de la craie, mais par des calcaires durs, compacts, où abondent les lourdes coquilles des Rudistes.

145. *Matériaux des terrains secondaires utilisés par*

l'homme. — Les *grès* triasiques des Vosges fournissent des
matériaux de construction très employés dans la vallée du
Rhin.

Les *argiles* jurassiques, développées sur un grand nombre
de points, servent à la fabrication des briques, des tuiles et
des poteries. Elles sont aussi utilisées, comme *terre à foulon*,
pour le dégraissage des laines.

Avec les *calcaires marneux* on fabrique des ciments

Fig. 181. — Habitations creusées dans la craie du Loir-et-Cher.

renommés : de Vassy (Yonne), de Grenoble, du Teil (Ardèche),
de Portland (Angleterre).

Les *calcaires* servent, un peu partout, à fabriquer de la
chaux et à bâtir des maisons. Certains bancs, très réguliers
et à grains très fins, donnent des *pierres lithographiques*
pour le dessin et la gravure. A Solenhofen (Bavière), leur
extraction se fait dans d'immenses carrières. Le terrain jurassique renferme aussi des *marbres*, pour la statuaire : marbres
de Paros et du Pentélique en Grèce, marbres de Carrare en
Italie.

La *craie* est utilisée de diverses manières. En Touraine, elle offre assez de résistance pour servir aux constructions; c'est la craie-tuffeau, qui a la propriété de durcir à l'air. Mais la craie est ordinairement friable, facile à tailler; dans tous les pays crayeux, des habitations *troglodytiques*, sortes de cavernes artificielles, ont été creusées dans la masse du terrain (fig. 181). Quand elle est pure, la craie, préalablement lavée, sert à faire des crayons blancs; elle est alors vendue sous le nom de *blanc d'Espagne*, ou *blanc de Meudon*.

Le Trias renferme en Lorraine une substance très importante, le *sel gemme*. On l'exploite à Dieuze. Il s'y présente en une série de onze couches, ou amas lenticulaires, ayant une épaisseur totale de 64 mètres. Ce sont des dépôts formés dans les lagunes qui bordaient de ce côté la mer du Trias.

Dans cette région, les couches de sel alternent avec du *gypse* exploité pour faire du plâtre.

Le *phosphate de chaux*, si important pour les amendements agricoles, se rencontre aussi à plusieurs niveaux des terrains secondaires. On le trouve en *nodules* dans l'Yonne, dans la Côte-d'Or, dans la Haute-Saône, les Ardennes, la Meuse, la Drôme. Il est à l'état de sable dans les poches de la craie du Nord de la France.

Dans nos pays, les terrains secondaires ne renferment pas beaucoup de charbon. Mais, il y a d'énormes amas de houille dans l'Inde, au Tonkin, au Transvaal, dans l'Amérique du Sud, etc.

Ils sont riches en *substances métallifères*, principalement en minerais de fer, dans l'Ardèche, le Gard, la Côte-d'Or et surtout en Meurthe-et-Moselle. Autour de Nancy, le minerai formé par de petits grains arrondis, ou oolithes d'oxyde de fer, est exploité dans de nombreuses carrières souterraines et sert à alimenter plus de cinquante hauts fourneaux.

146. **Résumé.** — Les terrains secondaires, composés surtout de *calcaires*, de *marnes* et d'*argiles*, se présentent en couches peu plissées, sauf dans les chaînes de montagnes.

Leurs fossiles les plus caractéristiques sont les *Ammonites* et les *Bélemnites*.

L'ère secondaire a été divisée en trois périodes :

1º La période du *Trias*, que caractérisent les Cératites;

2º La période du *Jurassique*, dont les terrains sont riches en Ammonites et en Bélemnites;

3º La période du *Crétacé*, pendant laquelle vivaient beaucoup d'Ammonites déroulées et des Rudistes.

L'ère secondaire a été marquée par de nombreuses variations du niveau des mers dans notre pays, qui fut plusieurs fois alternativement immergé et émergé. Il n'y a pas eu de grands soulèvements montagneux ni beaucoup d'éruptions volcaniques.

Le *climat*, encore *très chaud*, n'était plus aussi uniforme que pendant l'ère primaire.

Les terrains secondaires sont bien développés en France dans les bassins de la Seine, du Rhône, de la Garonne où ils forment des zones concentriques autour des massifs anciens, tels que le Massif Central. Ils sont redressés et plissés dans les Alpes et les Pyrénées.

Les terrains secondaires fournissent beaucoup de matériaux utiles; des *grès*, des *calcaires* pour les constructions, des *calcaires marneux* pour la fabrication des ciments, des *argiles* pour les potiers, des *marbres* pour la statuaire; la *craie* sert à faire des crayons blancs.

Le Trias renferme du *sel* et du *gypse*. Les terrains jurassiques et crétacés sont parfois riches en *phosphate de chaux* et en *minerais de fer*.

CHAPITRE XVI

L'ÈRE TERTIAIRE. — LE MONDE ANIMÉ

147. Caractères généraux. — Avec l'ère tertiaire, nous abordons l'histoire moderne du globe. Le monde animé se rapproche de plus en plus du monde actuel. Les Ammonites,

Fig. 182. — Reconstitution d'un paysage des premiers temps tertiaires. Remarquer l'abondance et la variété des Palmiers.

les Bélemmites, les Reptiles géants ont disparu. *Maintenant ce sont les Mammifères qui règnent sur la terre ferme,* tandis que les mers nourrissent une faune d'Invertébrés ne différant de la faune actuelle par aucun caractère essentiel.

148. Végétaux tertiaires. — Nous avons vu le monde des Plantes changer vers le milieu des temps secondaires, et les Angiospermes succéder peu à peu aux Gymnospermes. Cette transformation s'est continuée pendant l'ère tertiaire.

Dans les premiers temps, les Palmiers sont très abondants (fig. 182). Les paysages des environs de Paris étaient alors ornés de Dattiers, de Chamærops, de Sabals. Il y avait aussi des arbres dycotylédones, surtout des types à feuilles persistantes. Cette flore peut se comparer à la flore actuelle de l'Afrique centrale.

A partir de la seconde moitié des temps tertiaires, les Palmiers diminuent, les arbres à feuilles caduques se multiplient, et déjà nous reconnaissons beaucoup des essences forestières actuelles. Les Graminées forment de vastes pâturages, et ce fait s'accorde avec l'évolution des animaux, car c'est au même moment que les Ruminants se développent.

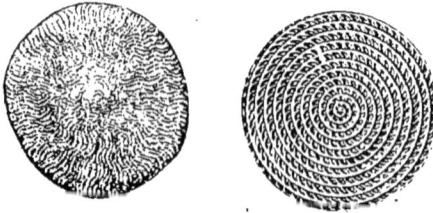

Fig. 183. — Vue d'une Nummulite entière et coupée par le milieu pour montrer sa structure interne (grandeur naturelle).

Enfin, vers la fin du Tertiaire, il n'y a plus eu de Palmiers dans nos pays ; les formes végétales subtropicales disparaissent graduellement devant les formes actuelles.

149. Nummulites. Invertébrés divers. — Parmi les *Protozoaires*, quelques Foraminifères, de taille géante, aujourd'hui éteints, abondent dans les premières mers tertiaires. Ce sont les *Nummulites* (¹), qui ressemblent à des pièces de monnaie. Si l'on fend une Nummulite, on voit que l'intérieur est composé d'une nombreuse série de petites loges disposées en spirales et communiquant les unes avec les autres par des orifices (fig. 183). A l'état vivant, toutes ces loges étaient remplies de protoplasma. La taille des Nummulites varie depuis la grosseur d'une tête d'épingle jusqu'aux dimensions d'une pièce de 5 francs. Elles étaient si abondantes dans

(¹) Du latin *nummus*, pièce de monnaie, et du grec *lithos*, pierre.

certaines mers qu'elles forment aujourd'hui des terrains entiers, dits *terrains nummulitiques*. Les Pyramides de la vallée du Nil sont construites avec des calcaires composés de Nummulites. Les anciens ont pris ces fossiles, ressemblant à des lentilles, pour les restes pétrifiés de la nourriture des travailleurs.

Les *Coraux* ont continué leur mouvement de retraite vers les mers tropicales.

Les *Mollusques* sont très semblables aux Mollusques actuels. Les Céphalopodes ont perdu leur importance. C'est maintenant le règne des Lamellibranches et des Gastéropodes, dont les coquilles abondent dans tous les terrains tertiaires d'origine marine. Le calcaire grossier, qui a servi à bâtir Paris, renferme parfois des *Cérithes* à profusion. Le Cérithe géant avait une coquille de 50 centimètres de longueur (fig. 184).

Fig. 184. — Cérithe géant du calcaire grossier des environs de Paris (longueur vraie : 0ᵐ,50).

Les *Insectes* ont progressé avec les Plantes auxquelles leur sort est en partie lié. Nous avons maintenant beaucoup de Fourmis, d'Abeilles, de Papillons. L'ambre, qui est une résine fossile produite par un Pin tertiaire, renferme souvent des Insectes englués dans cette résine et admirablement conservés (fig. 185).

Fig. 185. — Fourmi conservée dans un morceau d'ambre des terrains tertiaires (double de la grandeur naturelle).

150. Poissons, Reptiles, Oiseaux. — Les Poissons ressemblent maintenant tout à fait aux Poissons actuels. Les mers tertiaires nourrissaient des Requins gigantesques, les *Carcharodons* (fig. 186).

Les grands *Reptiles* des temps secondaires sont définitivement éteints. Il n'y a plus que des représentants des groupes actuels, c'est-

à-dire de vrais Lézards, de vraies Tortues, de vrais Crocodiles, de vrais Serpents. La distribution géographique de ces animaux était fort différente de la distribution actuelle. C'est ainsi que les lacs et les rivières de France étaient alors peuplés de Tortues et de Crocodiles (fig. 187).

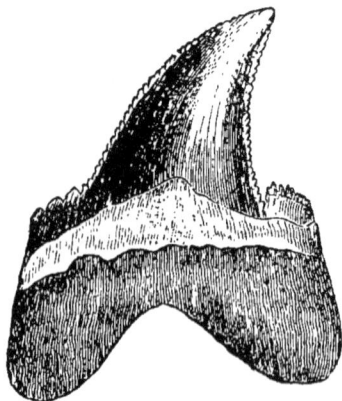

Fig. 186. — Dent de Carcharodon (1/2 environ de la grandeur naturelle).

Les *Oiseaux* tertiaires sont aussi semblables aux Oiseaux actuels. Dans la pierre à plâtre de Paris, on trouve des squelettes de Grues, de Cigognes, de Perdrix, etc. (fig. 188.) En Auvergne, les calcaires d'origine lacustre des environs de Vichy, de Gannat, du Puy, etc., renferment à profusion des ossements de Canards, de Flamants, d'Ibis, de Perroquets, d'Aigles, etc. On retrouve même

Fig. 187. — Crocodile trouvé dans le calcaire tertiaire des environs de Vichy (longueur vraie : 1ᵐ,80) — Galerie de Paléontologie du Muséum de Paris.

les œufs (fig. 189) et les plumes (fig. 190) de ces Oiseaux dans un état de conservation véritablement étonnant.

On a retiré, d'un terrain de la partie inférieure du Tertiaire des environs de Paris, les restes d'un grand Oiseau marcheur analogue à l'Autruche, le *Gastornis*.

151. Mammifères. — *Les types inférieurs des premiers temps tertiaires et les premiers Pachydermes.* — Dès le début des temps tertiaires le dé-

Fig. 188. — Squelette d'Oiseau dans la pierre à plâtre de Paris (1/2 de la grandeur naturelle).

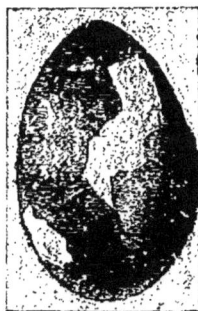

Fig. 189. — Œuf d'Oiseau dans un morceau de calcaire tertiaire d'Auvergne (1/2 grandeur naturelle).

veloppement des Mammifères prend un essor extraordinaire.

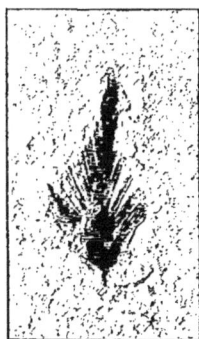

Fig. 190. — Empreinte d'une plume d'Oiseau sur un morceau de marne tertiaire des Basses-Alpes (1/2 de la grandeur naturelle).

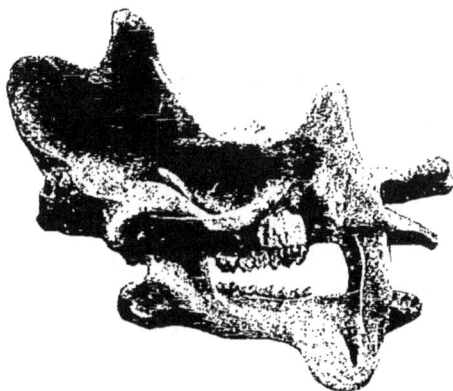

Fig. 191. - Tête de Dinocéras (longueur vraie 0m,70). — Galerie de Paléontologie du Muséum

Nous avons déjà constaté l'existence des Marsupiaux ou Didelphes pendant l'ère secondaire. Ils sont encore nombreux au début de l'ère tertiaire. Cuvier a découvert une Sarigue dans les gypses de Montmartre.

Il y avait, en même temps, des Mammifères lourds et trapus, des *Pachydermes*. L'un des plus curieux est le *Dinocéras*[1], découvert dans un terrain des Montagnes Rocheuses. Sa tête, ornée de six cornes, était armée de canines en forme de poignards (fig. 191). Ses membres, lourds et épais, ressemblaient à ceux des Éléphants.

Les *Lophiodons*[2] se rapprochaient beaucoup des Tapirs, par leurs molaires disposées en forme de crêtes (fig. 192),

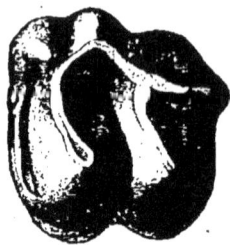

Fig. 192. — Molaire supérieure de Lophiodon (3/4 de la grandeur naturelle).

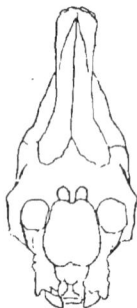

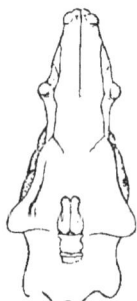

Fig. 193.   Fig. 191.

A gauche, crâne et cerveau de Cheval; à droite, crâne et cerveau de Dinocéras. Les cerveaux sont figurés en gris.

et par leurs membres, mais ils étaient dépourvus de la trompe rudimentaire des Tapirs actuels.

Ces premiers Mammifères ne devaient pas être très intelligents. On peut en juger par les figures 193 et 194 qui représentent le cerveau du Dinocéras, en place dans le crâne, à côté du cerveau et du crâne d'un Cheval d'aujourd'hui. Nous avons déjà observé un fait analogue pour les Reptiles secondaires. Les divers groupes de Vertébrés ont commencé par avoir de petits cerveaux.

152. *Cuvier et les animaux du gypse de Paris.* — Un peu plus tard, les Pachydermes deviennent moins lourds; leurs

[1] Du grec *deinos*, redoutable, et *keras*, corne.
[2] Du grec *lophia*, crête, et *odous*, *odontos*, dent.

pattes s'allongent pour évoluer vers des types coureurs en suivant deux directions : d'un côté, vers les animaux à un seul doigt, ou Solipèdes, c'est-à-dire vers les Chevaux ; de l'autre côté, vers des animaux à deux doigts, c'est-à-dire vers les Ruminants.

Ce sont d'abord les créatures retirées du gypse qu'on exploitait autrefois à Paris même, sur la colline de Montmartre, et dont l'étude amena Cuvier à jeter les fondements de la paléontologie.

Le *Paléothérium*(¹) a été reconstitué par l'illustre naturaliste au moyen d'ossements isolés, avec une vérité confirmée par la découverte ultérieure de squelettes complets. Cet animal ressemblait au Tapir par sa forme générale ; mais il se rapprochait du Rhinocéros par ses dents. Il n'avait que trois doigts et, comme le doigt médian était

Fig. 195.

Fig. 196.   Fig. 197.

Fig. 195. — Restauration du Paléothérium. — Fig. 196. — Restauration de l'Anoplothérium. — Fig. 197. — Restauration du Xiphodon. — Ces trois figures sont des *fac-similés* des dessins de Cuvier.

plus développé que les deux autres, il marque une tendance vers la forme Solipède (fig. 195).

L'*Anoplothérium* (²), reconnaissable à sa longue queue, avait des pieds fourchus, à deux doigts bien séparés, ce qui ne s'observe chez aucun animal actuel (fig. 196).

(¹) Du grec *palaïos*, ancien, et *thérion*, animal.
(²) Du grec *a* ou *an*, privatif, *oplon*, arme, et *thérion*, animal, parce que la mâchoire de cet animal n'a pas de longues dents jouant le rôle de défenses.

Avec le *Xiphodon* ([1]), aux formes plus légères et plus sveltes, nous nous rapprochons déjà des Ruminants (fig. 197).

153. — *Autres Pachydermes*. — *Les premiers Carnassiers*. — *Les Lémuriens*. — Bientôt après nous constatons la présence de Pachydermes à dentition omnivore, comme les *Anthracothériums* ([2]), qui avaient des mœurs analogues à celles des Sangliers actuels. Les *Acérothériums* ([3]) ressemblaient aux Rhinocéros, mais, comme leur nom l'indique, ils n'avaient pas encore de cornes sur le nez (fig. 198).

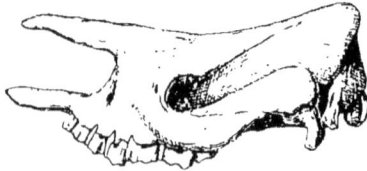

Fig. 198. — Crâne d'Acérothérium
(longueur vraie : 0m,60).

Ces animaux étaient attaqués par des Carnassiers fort différents des Carnassiers actuels. Il n'y avait pas encore de vrais Chats, de vrais Chiens, de vrais Ours, mais des êtres qui offraient une réunion de caractères mixtes les rapprochant à la fois de ces divers types si nettement séparés aujourd'hui. Beaucoup avaient conservé quelques traits d'animaux Marsupiaux.

Enfin, nous voyons apparaître les prédécesseurs des Singes, sous la forme de ces Lémuriens, aujourd'hui à peu près cantonnés à Madagascar et qui habitaient alors les forêts de l'Europe.

154. *Les Ruminants, les Solipèdes, les Proboscidiens, les Singes*. — *Apogée du monde animal*. — Nous arrivons, entre le milieu et la fin de l'ère tertiaire, à un moment qui représente l'apogée du règne animal, si l'on ne

[1] Du grec *xiphos*, épée, et *odous, odontos*, dent, parce que cet animal avait certaines dents tranchantes.
[2] Du grec *anthrakos*, charbon, et *thérion*, animal, parce que les premiers restes de ce Mammifère ont été trouvés dans des terrains charbonneux.
[3] Du grec *a*, privatif, *keras*, corne, et *thérion*, animal.

considère que le nombre, la variété et surtout la puissance des Mammifères.

Les principaux types actuels sont maintenant représentés. Il y a de vrais Rhinocéros, de vrais Solipèdes, de vrais Ruminants (Antilopes), de vrais Carnassiers, des Singes, des Pro-

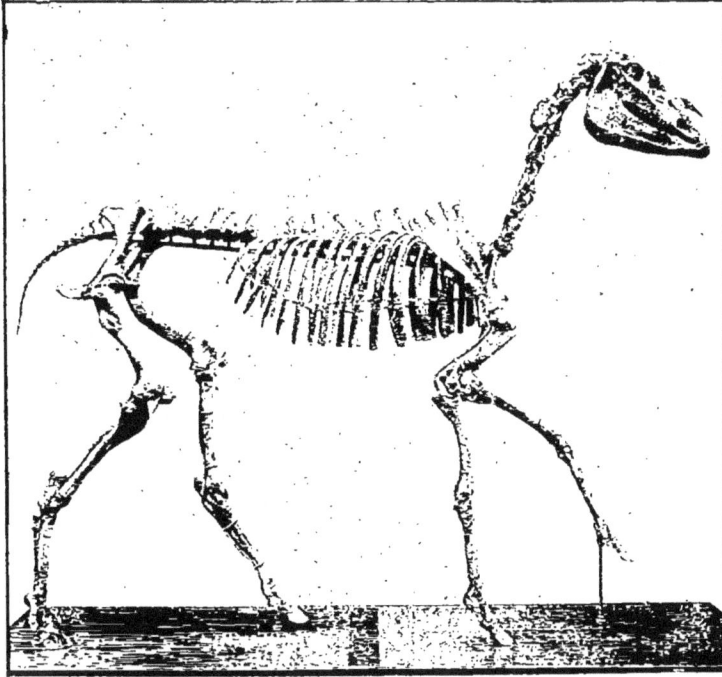

Fig. 199. — Squelette d'Hipparion trouvé à Pikermi, en Grèce (hauteur vraie: 1^m,55). Galerie de paléontologie du Muséum.

boscidiens, etc. Certaines de ces créatures méritent de retenir un instant notre attention.

C'est d'abord l'*Hipparion* ([1]), Pachyderme à doigts impairs ne différant plus guère du Cheval que parce qu'il a encore deux petits doigts latéraux à côté du doigt médian principal, le seul qui s'appuie sur le sol (fig. 199 et 200).

Les Proboscidiens apparaissent dans nos pays sous deux

([1]) Mot grec qui veut dire *petit cheval*.

formes assez différentes. Le *Dinothérium* (¹), roi des Mammifères, avait 5 mètres de hauteur et 6 m. 50 de longueur, non compris la trompe (un Éléphant actuel ne dépasse pas 5 mètres de hauteur). Par sa forme générale, il ressemblait aux Éléphants. Mais ses défenses, recourbées vers le bas, étaient logées dans la mâchoire inférieure. Il est probable que la trompe n'était pas aussi développée que chez les Proboscidiens actuels (fig. 202).

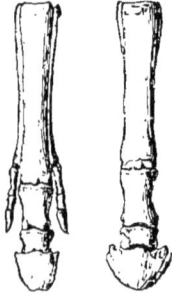

Fig. 200 et 201. — A gauche, pied d'Hipparion, à trois doigts; à droite, pied de Cheval, à un seul doigt.

La seconde forme était réalisée par les *Mastodontes* (²). Ces animaux ont d'abord eu des défenses à la fois à la mâchoire supérieure et à la mâchoire inférieure (fig. 203). Leurs énormes molaires étaient formées de denticules mamelonnés (fig. 204).

Le *Machairodus* (³) était un animal voisin des Lions ou des

Fig. 202. — Essai de restauration du Dinothérium.

Tigres, dont il différait par des canines beaucoup plus gran-

(¹) Du grec *deinos*, terrible, et *thérion*, animal.
(²) Du grec *mastos*, mamelon, et *odous*, *odontos*, dent.
(³) Du grec *machaira*, poignard, et *odous*, *odontos*, dent.

des, aplaties comme des lames de poignard et crénelées sur les bords (fig. 205).

Il faut encore signaler l'existence, au même moment, de

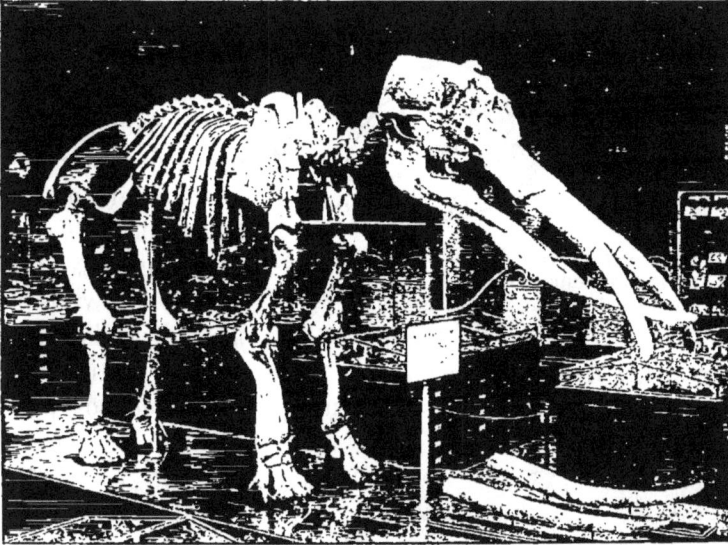

Fig. 205. — Squelette de Mastodonte provenant du terrain tertiaire de Sansan, Gers (longueur vraie : 4^m,20). Galerie de Paléontologie du Muséum.

vrais Singes et même de Singes anthropoïdes tels que le *Dryo-pithèque*(¹), qui réunissait des traits du Chimpanzé, du Gorille et de l'Orang-Outang actuels.

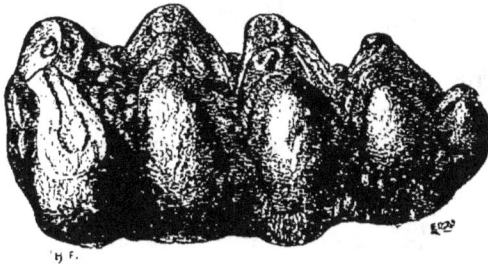

Fig. 204. — Molaire de Mastodonte (1/5 de la grandeur naturelle).

155. *Les Mammifères à la fin du Tertiaire.* — Avec la fin de l'ère tertiaire s'achève l'évolution des Mammifères.

(¹) Du grec *drus, druos*, chêne. et *pithécos*, singe. parce qu'on a supposé que le Dryopithèque vivait sur des chênes.

Aux Mastodontes succèdent les Éléphants. L'*Éléphant méridional*, qu'on admire dans la galerie de Paléontologie du Muséum national d'histoire naturelle. mesure 4 m. 45 de hauteur et 6 m. 80 de longueur (fig. 206).

Fig. 205. — Crâne de Machairodus (1/5 de la grandeur naturelle). — Galerie de Paléontologie du Muséum.

Les Équidés ont fini par perdre leurs doigts latéraux : il y a maintenant des *Chevaux* véritables. La terre nourrit de vrais *Tapirs*, de vrais *Rhinocéros*. Les *Hippopotames* de la fin des temps tertiaires ne sauraient être distingués de ceux qui vivent de nos jours.

Fig. 206. — Squelette de l'Éléphant méridional. — Galerie de Paléontologie du Muséum.

Parmi les Ruminants, les *Antilopes* forment de grands troupeaux, les *Bœufs* apparaissent, tandis que les *Cerfs*, jusqu'ici peu nombreux et peu diversifiés, prennent de grands bois plusieurs fois ramifiés.

Les Carnassiers ont acquis toute leur diversité. Les *Chats*, les *Chiens*, les *Hyènes*, les *Ours* de la fin du Tertiaire sont les ancêtres immédiats des espèces actuelles.

Enfin on a découvert, dans les terrains de l'île de Java qui datent de la fin du Tertiaire, quelques débris, malheureusement trop incomplets, d'un être dont le crâne offre des caractères intermédiaires entre les crânes des Singes anthropomorphes et les crânes humains. On a donné à cet intéressant fossile le nom de *Pithécanthrope* (¹).

Ainsi l'histoire du développement des Mammifères nous fournit un admirable exemple de la manière dont les êtres sont allés en progressant au cours des temps géologiques.

156. *Résumé*. — L'ère tertiaire représente l'histoire moderne de notre globe. Le monde animé se rapproche de plus en plus du monde actuel.

La *flore*, d'abord sub-tropicale, avec de nombreux Palmiers, prend peu à peu les caractères des flores de climats tempérés.

Les *Invertébrés* ne diffèrent guère des Invertébrés actuels. Pourtant il faut signaler l'abondance, dans les mers, de Foraminifères géants, les *Nummulites*.

Les *Poissons*, les *Reptiles*, les *Oiseaux* offrent aussi les plus grandes ressemblances avec ceux qui vivent de nos jours, mais leur répartition géographique est toute différente.

A l'ère tertiaire correspond le *règne des Mammifères*.

Au début, ce ne sont que des formes petites et inférieures, des Didelphes. Puis sont venus de curieux Pachydermes, tels que le *Dinocéras*, aux affinités multiples, et les *Lophiodons*, voisins des Tapirs.

Un peu plus tard, à l'époque où se déposait le gypse de Paris, ont vécu des Pachydermes moins lourds, étudiés par Cuvier: le *Paléothérium*, qui marque une tendance vers le type Solipède; l'*Anoplothérium*; le *Xiphodon*, qui marque une tendance vers le type Ruminant.

Bientôt après nous constatons l'existence d'énormes Cochons, les

_____

(¹) Du grec *pithécos*, singe, et *anthrôpos*, homme.

Anthracothériums, et des précurseurs des Rhinocéros, les *Acéro-thériums*. Ils sont accompagnés de Carnassiers primitifs et de Lémuriens.

A la période suivante, les Mammifères sont à leur apogée. Il y a des Rhinocéros, des Solipèdes (tels que l'*Hipparion* qui a encore deux doigts latéraux), de vrais Ruminants, des Proboscidiens (*Dino-thérium, Mastodonte*), de vrais Carnassiers (dont un type remar-quable, le *Machairodus*), des Singes.

La fin du Tertiaire voit l'apparition des Éléphants, des Bœufs et des vrais Chevaux à un seul doigt.

CHAPITRE XVII

L'ÈRE TERTIAIRE. — LE MONDE PHYSIQUE

157. *Caractères généraux.* — Au calme des temps secondaires succèdent des perturbations de toutes sortes, qui donnent graduellement aux continents et aux mers une configuration très voisine de la configuration actuelle. Les principales chaînes de montagnes, les Pyrénées, les Alpes, l'Himalaya, les Andes surgissent ; l'activité volcanique, longtemps assoupie, se réveille et s'exerce avec violence.

Les terrains tertiaires sont formés de roches très semblables aux sédiments actuels, car ces roches n'ont subi qu'accidentellement des effets métamorphiques.

Comme la géographie des temps tertiaires s'achemine, pour ainsi dire, vers la géographie actuelle, les sédiments contemporains occupent surtout les grands bassins hydrographiques actuels (de la Seine, du Rhône, de la Garonne, etc.). Là ils ne sont pas dérangés de leur position primitive. Ce n'est que dans les chaînes de montagnes à la formation desquelles ces terrains ont participé : les Alpes, les Pyrénées, les Apennins, etc., qu'on les trouve plissés et parfois soulevés à une hauteur considérable (plus de 3000 mètres au mont Perdu, dans les Pyrénées).

Les terrains tertiaires diffèrent aussi des terrains secondaires par leur origine. Jusqu'à présent les formations d'eau douce étaient rares. Maintenant, les dépôts effectués par des cours d'eau ou dans des bassins lacustres vont devenir de plus en plus nombreux. Et c'est grâce à cette circonstance que nous avons tant de renseignements sur les animaux terrestres, notamment sur les *Mammifères*, qui sont la *caractéristique paléontologique de l'ère tertiaire.*

158. *Divisions de l'ère tertiaire*. — L'ère tertiaire a duré moins longtemps que les ères primaire et secondaire. L'épaisseur maximum des terrains tertiaires peut être évaluée à 3000 mètres environ.

Pour diviser l'ère tertiaire, on s'est basé sur le fait que plus un terrain est récent, plus sa faune de Mollusques marins se rapproche de la faune actuelle et, par suite, plus est élevé le nombre des espèces vivant encore aujourd'hui.

On a distingué ainsi quatre périodes auxquelles correspondent autant de systèmes de terrains :

1° L'*Éocène* ;

2° L'*Oligocène* ;

3° Le *Miocène* ;

4° Le *Pliocène*.

Les terrains *éocènes* [1] ne présentent que très peu d'espèces actuelles de Mollusques. *Les terrains éocènes marins sont caractérisés par le grand développement des Nummulites* (fig. 207). Ils renferment aussi beaucoup de Gastéropodes et de Lamellibranches (fig. 208). A cette période correspond l'essor des Mammifères. Les plus répandus sont les *Marsupiaux* et les *Pachydermes* à cinq doigts.

Fig. 207. — Morceau de calcaire éocène à Nummulites.

La période *oligocène* [2] est séparée de la précédente par un phénomène de premier ordre, le soulèvement principal des Pyrénées. Les terrains d'origine marine renferment encore quelques Nummulites sur leur déclin. Toute la France, d'altitude générale très basse, et une partie de l'Europe sont couvertes soit de lagunes où vivent des *Potamides* (fig. 209), Mollusques des eaux saumâtres, soit de grands lacs où pullu-

[1] Du grec *eos*, aurore, et *kainos*, récent, aurore des terrains récents.
[2] Du grec *oligos*, peu, et *kainos*, récent, période encore peu récente.

lent des Mollusques d'eau douce, Limnées, Planorbes, et où

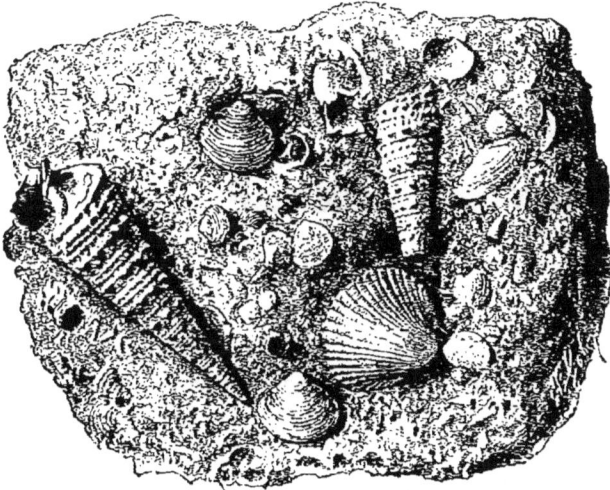

Fig. 208. — Morceau de grès tertiaire des environs de Paris renfermant des coquilles de Gastéropodes et de Lamellibranches fossiles.

les cours d'eau affluents entraînent des coquilles d'Hélix ou d'Escargots (fig. 210 à 212). Cette abondance de fossiles d'eau douce ou terrestres est très caractéristique de la période oligocène. C'est

   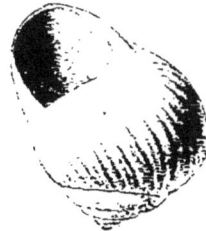

Fig. 209.   Fig. 210.   Fig. 211.   Fig. 212.
Potamide.   Limnée.   Planorbe.   Hélix.
Fig. 209 à 212. — Coquilles fossiles des terrains oligocènes
(grandeur naturelle).

aussi celle où les *Ruminants commencent à se développer*. Le *Miocène* ([1]) renferme un plus grand nombre d'espèces

([1]) Du grec *meion*, moins, et *kainos*, récent, moins récent, c'est-à-dire moins récent que la période suivante.

actuelles dans ses terrains d'origine marine, où l'on rencontre souvent des Oursins d'une forme particulière, les *Clypéastres* (fig. 215). C'est la période des grands *Squales*, des *Proboscidiens* : *Mastodontes, Dinothériums*, des *Ruminants*, des *premiers Solipèdes* et des *Singes*.

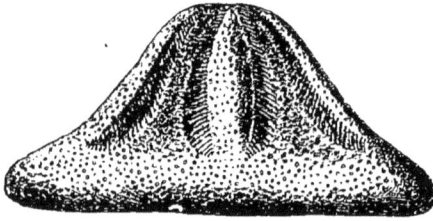

Fig. 215. — Clypéastre (1/5 environ de la grandeur naturelle).

Elle est séparée de la suivante par le principal soulèvement des Alpes, qui change complètement la géographie de l'Europe.

Le *Pliocène*([1]), très riche en formes de Mollusques vivant encore aujourd'hui, est comme le prélude des temps actuels. Cette période est caractérisée par une grande activité éruptive qui couvre de volcans tout le Massif Central de la France. *La faune des Mammifères ressemble, dans ses grands traits, à la faune actuelle.* Il y a de vrais Éléphants (fig. 214).

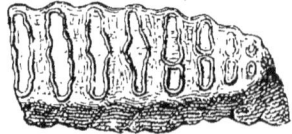

Fig. 214. — Molaire d'*Éléphant méridional* des terrains pliocènes (longueur vraie : 0ᵐ.25).

159. *Géographie des temps tertiaires. Les terres et les mers.* — Les changements géographiques survenus pendant l'ère tertiaire n'ont été qu'une longue préparation à l'établissement de la géographie actuelle.

Vers la fin de l'ère secondaire, l'eau salée ne recouvrait en France que l'emplacement des Pyrénées ; le début des temps tertiaires est marqué par de nouvelles invasions.

Pendant l'*Éocène* (pl. V, carte 1), le bassin de Paris se transforme en un golfe où se déposent des sédiments variés, surtout détritiques. Au même moment, une mer méridionale

([1]) Du grec *pleion*, plus, et *kainos*, récent, plus récent.

baigne l'emplacement des Pyrénées et des Alpes, s'ouvre largement vers le Sud et vers l'Est, recouvre une partie de l'Espagne, tout le Nord de l'Afrique, l'Italie, l'Asie Mineure, la Perse, et arrive presque au cœur de l'Asie, là où s'élèvent aujourd'hui les monts Himalaya. C'est la mer *nummulitique*, ainsi nommée parce que les Nummulites y étaient extrêmement nombreuses.

Vers la fin de cette première période, la mer accuse un mouvement de retrait. Dans le golfe parisien, les portions abandonnées se transforment en lagunes où se déposent des bancs de gypse.

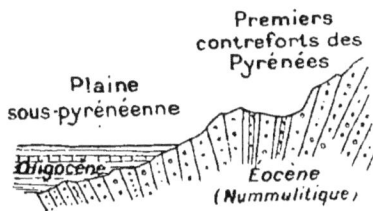

En même temps, l'écorce terrestre est soumise à de violents mouvements; des rides énormes donnent naissance aux Pyrénées. Quand

Fig. 215. — Coupe géologique établissant l'âge du dernier soulèvement des Pyrénées.

on approche de cette chaîne, on voit, en effet, les terrains oligocènes, sensiblement horizontaux, buter contre les terrains éocènes ou nummulitiques, redressés et même renversés (fig. 215).

Le soulèvement des Pyrénées, qui marque le début de la période *oligocène*, a profondément modifié le relief de la France. A sa suite, la mer reprend l'offensive dans le bassin de Paris (pl. V, carte 2), où elle pénètre plus avant que pendant l'Éocène, puisqu'elle recouvre une grande partie de la région qui deviendra plus tard la Beauce, et qu'elle envoie de longs prolongements lagunaires jusqu'au cœur du Plateau Central. Elle baigne aussi une partie des Alpes et le bassin de la Gironde.

Elle ne séjourne pas très longtemps dans ces diverses régions. Bientôt de grandes nappes d'eau douce lui succèdent; la France, l'Espagne, la Suisse, l'Europe centrale et méridionale se couvrent ainsi d'un véritable labyrinthe de lacs où vont se jeter les rivières qui descendent des terres voisines.

Ces lacs sont à peine comblés par des sédiments argileux et calcaires que la période *miocène* s'ouvre par une nouvelle invasion marine, non plus cette fois dans le bassin de Paris, désormais définitivement émergé, mais dans les vallées de la Loire, de la Gironde et du Rhône. Un large détroit, parsemé d'îles, sépare la Bretagne du reste de la France (pl. V, carte 5).

Et, de nouveau, l'écorce terrestre se met à trembler, se plisse, se soulève. Les Alpes, l'Himalaya, dont l'érection s'était préparée depuis longtemps par une série d'efforts, reçoivent leur poussée définitive qui porte, à plusieurs milliers de mètres dans les airs, les terrains récemment formés. Le Plateau central éprouve le contre-coup de ces mouvements formidables; il se fracture, et son niveau général devient bien supérieur à celui des pays environnants.

Ces dislocations et ces fractures furent accompagnées de phénomènes éruptifs grandioses. Dans le Plateau Central de la France, comprimé comme dans un étau, à l'Est par les plissements alpins et au Sud par les plissements pyrénéens, des volcans édifièrent de véritables montagnes et transformèrent le *Plateau* central d'autrefois en le *Massif* central d'aujourd'hui.

Les grands traits de l'orographie européenne sont maintenant acquis. Au *Pliocène*, les contours des mers diffèrent peu des contours actuels (pl. V, carte 4). L'océan Atlantique échancre les côtes de la Bretagne, de la Vendée, de la Gascogne. La Méditerranée entame le Roussillon et envoie une sorte de fiord dans la vallée du Rhône, dont la partie supérieure, qui constitue aujourd'hui la Bresse, est occupée par un grand lac.

Les volcans continuent à vomir des flots de lave. Le Mont-Dore et le Cantal élèvent leurs cratères à plus de 5000 mètres de hauteur.

160. Climat de l'ère tertiaire. — Le climat de l'ère tertiaire était moins chaud que celui de l'ère secondaire. Des zones concentriques se forment autour des pôles jusqu'à l'équateur, à partir duquel la température va en décroissant.

ESQUISSES GÉOGRAPHIQUES DE LA FRANCE
À DIVERSES ÉPOQUES DE L'ÈRE TERTIAIRE.

M.Boule.

PL.V.

Mais chacune de ces zones est beaucoup plus chaude que la zone correspondante actuelle.

Pendant l'Éocène, la zone arctique avait un climat voisin de celui qui caractérise aujourd'hui la zone tempérée, et celle-ci avait un climat subtropical. En France et dans la plus grande partie de l'Europe, la température moyenne atteignait 25°, tandis qu'elle n'est aujourd'hui que de 11°.

Avec l'Oligocène, le développement des arbres à feuilles caduques annonce l'influence des hivers. Cette végétation dénote un climat chaud, sujet à des alternatives de sécheresse et de grandes pluies périodiques.

Au Miocène, la différenciation des climats et des saisons s'accentue, mais les hivers sont encore doux. C'est un régime analogue à celui que nous offrent, de nos jours, Madère, Malaga, le Sud de la Sicile, le Japon méridional.

Au Pliocène, la température moyenne s'abaisse à 14° et il fait froid sur les montagnes. Celles-ci, encore jeunes, sont plus élevées qu'aujourd'hui, car l'érosion n'a pas eu le temps de leur faire subir beaucoup de dégradations. Aussi voyons-nous, dès cette époque, les glaciers prendre naissance sur les sommets des Alpes, des Pyrénées, de l'Auvergne, et descendre fort bas vers la plaine.

161. *Distribution géographique des terrains tertiaires.* — La France est admirablement partagée pour l'étude des terrains tertiaires.

Les dépôts marins occupent le fond des grands bassins hydrographiques de la Seine, de la Loire, de la Garonne et du Rhône; ils forment des bandes, ou zones concentriques, à l'intérieur des bandes de terrains secondaires.

Les environs de Paris nous montrent une série de terrains variés, sables, argiles, calcaires, marnes, pierre à plâtre, allant de l'Éocène le plus inférieur jusqu'au Miocène. Dans les Alpes et les Pyrénées, les calcaires à Nummulites sont très puissants.

Les formations lacustres oligocènes, sables, argiles, marnes et calcaires, sont extrêmement développées dans le Massif

Central. Les environs de Vichy, de Clermont, du Puy, renfer-

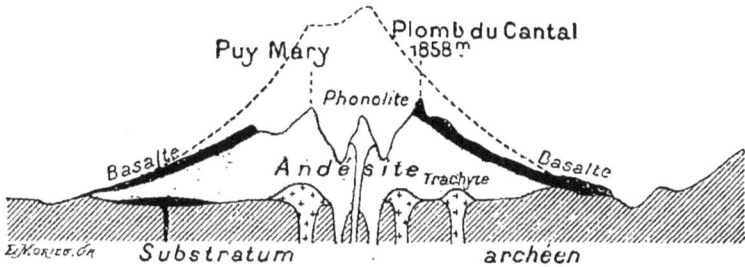

Fig. 216. — Coupe du volcan du Cantal. On a rétabli, par une ligne pointillée, le contour probable du volcan avant sa démolition par les agents atmosphériques.

ment de nombreux gisements d'animaux terrestres de cette époque.

Pour étudier le Miocène marin, on peut aller en Touraine,

Fig. 217.   Les rochers Corneille et Saint Michel, au Puy Haute-Loire, représentant les ruines d'un volcan pliocène.

dans l'Anjou, ou aux environs de Bordeaux. Là se trouvent des sables remplis de coquilles, ou *faluns*. Des terrains analogues sont très développés dans le bassin du Rhône.

Les mers pliocènes ont laissé des dépôts sableux et argileux dans la vallée du Rhône, dans le] Roussillon, aux environs de Nice, tandis que les alluvions déposées par les cours d'eau de cette époque se retrouvent en maints endroits, couronnant des plateaux et montrant que, d'une manière générale, les vallées actuelles n'étaient pas creusées jusqu'à la profondeur qu'elles ont aujourd'hui.

Trois massifs volcaniques, le Cantal, le Mont-Dore et le Velay ont été peu à peu édifiés, depuis le Miocène supérieur jusqu'à la fin du Pliocène, par une accumulation de coulées de laves et de produits de projection.

Le Velay est surtout riche en *phonolithes*. Le Cantal (fig. 216) et le Mont-Dore renferment beaucoup de *trachytes* et d'*andésites*(1). Dans ces trois massifs, les basaltes, très répandus, forment de vastes plateaux. Les cendres volcaniques, ou *cinérites*, de ces régions renferment, avec des troncs pétrifiés, une foule d'empreintes de feuilles d'arbres qui permettent de reconstituer la végétation de cette époque. Ces grands volcans sont à l'état de ruines; la partie supérieure des cônes et les cratères ont été démolis par l'érosion (fig. 217).

162. *Roches des terrains tertiaires utilisées par l'Homme*. — Les roches sédimentaires sont des plus variées, car elles ont de multiples origines, et comme ce sont les terrains tertiaires qui forment les vastes plaines, ce sont ces terrains qui ont favorisé l'établissement des grandes cités.

Examinons, par exemple, la coupe géologique de Meudon à Belleville à travers Paris (fig. 218).

Le terrain le plus ancien qui affleure est la *craie*.

Au-dessus, viennent les terrains éocènes. Ils se composent d'abord d'une *argile plastique*, exploitée pour la fabrication des briques et des poteries. Ensuite vient le *calcaire grossier*, avec lequel toutes les maisons de Paris sont bâties (fig. 219).

Puis nous trouvons des *sables* et des *grès*, dits *de Beauchamp*, du nom d'une petite localité où ils affleurent : les grès servent au pavage des rues.

(1) Variétés de trachytes lourds et de couleurs foncées, répandues dans la chaîne des Andes.

Ils sont surmontés d'amas de *gypse*, qui ont 50 mètres d'épaisseur environ à Montmartre et à Argenteuil, et qui sont très exploités pour la fabrication du plâtre de Paris dont la réputation est universelle.

Au-dessus commence l'Oligocène avec la *meulière de Brie*, qui sert à empierrer des routes, à fabriquer des meules, et

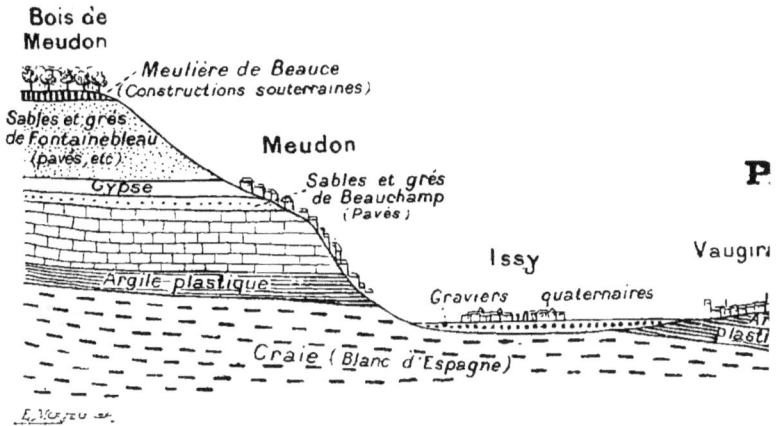

Fig. 218. — Coupe géologi

qui fournit la belle pierre de Château-Landon avec laquelle l'Arc de Triomphe de l'Étoile a été construit.

Les *sables de Fontainebleau*, qui viennent ensuite, peuvent être utilisés par les verreries, et les grès qu'on y rencontre servent à faire des pavés.

Puis le *calcaire de Beauce* donne de la chaux. La *meulière de Beauce* est excellente pour constructions devant résister à l'humidité.

Dans beaucoup d'autres pays, les roches tertiaires fournissent d'excellentes pierres à bâtir. En Suisse, la plupart des villes sont construites avec un grès tertiaire, facile à tailler au moment de son extraction, qu'on appelle, pour cette raison, *molasse*, mais qui durcit ensuite.

Les *roches volcaniques* sont utilisées de la même manière dans le Massif Central; elles servent à empierrer les routes et à bâtir les maisons. Les phonolithes donnent des tuiles solides;

une belle andésite exploitée à Volvic, près de Clermont-Ferrand, est très employée pour la construction des monuments funéraires, à cause de sa couleur sombre.

En France, dans le Quercy, en Algérie et en Tunisie, certains terrains tertiaires sont riches en *phosphates de chaux* employés par les agriculteurs comme engrais chimiques.

En Espagne, à Cardona (Catalogne), les terrains éocènes renferment de grandes masses de *sel gemme* qu'on exploite à ciel ouvert. A Wieliczka (Pologne), il y a aussi du sel dans des

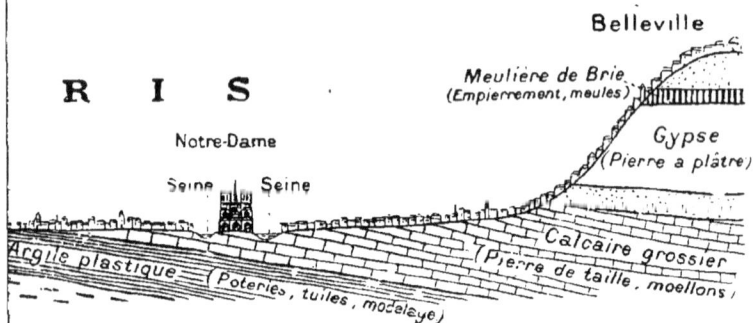

a vallée de la Seine à Paris.

terrains miocènes; mais ici il faut aller l'exploiter dans les profondeurs du sol, et la mine est installée sous la ville même.

Les terrains oligocènes des bords de la Baltique renferment de l'*ambre*, qui n'est autre chose qu'une résine de Pin fossile.

Enfin, il faut signaler le *pétrole* des gisements européens (Bakou), qu'on va chercher dans les terrains tertiaires.

165. **Résumé**. — Les terrains tertiaires sont formés de roches de natures très variées et ils sont très peu métamorphisés.

L'ère tertiaire se divise en quatre périodes :

1° La période *éocène*, qui correspond au règne des *Nummulites*, parmi les animaux marins, et des *Pachydermes* parmi les Mammifères ;

2° La période *oligocène*, comprenant surtout des terrains d'origine lacustre, avec Mollusques terrestres ou d'eau douce ;

3° La période *miocène*, pendant laquelle les Mammifères prennent un développement extraordinaire ;

4° La période *pliocène*, qui est caractérisée par une grande activité volcanique et dont la faune de Mammifères comprend la plupart des genres actuels.

L'ère tertiaire a vu se produire *d'importants changements géographiques*, notamment la *formation des Pyrénées* entre l'Éocène

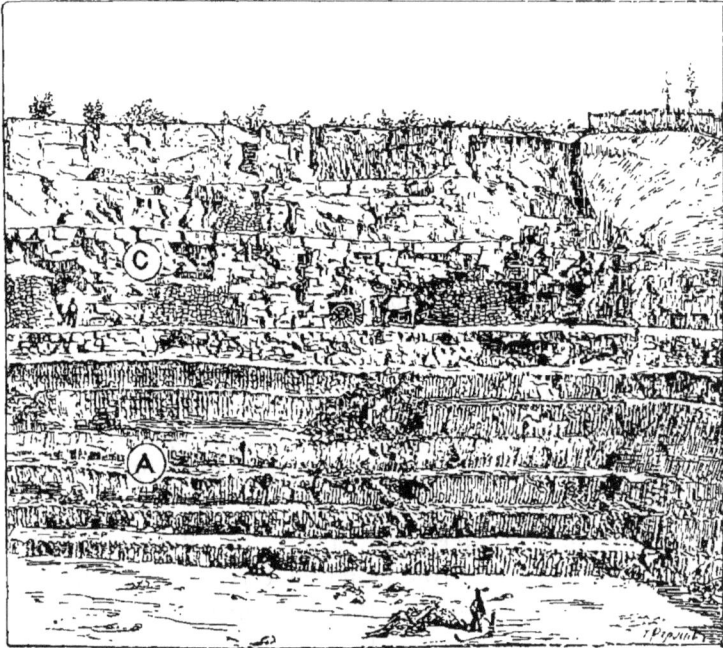

Fig. 219. — Carrière des environs de Paris où l'on exploite : en bas, l'argile plastique (A) ; en haut, le calcaire grossier (C).

et l'Oligocène ; la *formation des Alpes et du Massif Central*, vers la fin du Miocène.

Le *climat* de l'ère tertiaire, d'abord très chaud, s'est refroidi peu à peu pour arriver, vers la fin des temps pliocènes, à n'être pas très différent du climat actuel.

Les terrains tertiaires forment le fond des grands bassins hydrographiques de notre pays. Ils sont aussi très développés dans le Massif Central (roches sédimentaires et roches volcaniques).

Les roches des terrains tertiaires fournissent à l'industrie humaine de *nombreux matériaux* : sables, argiles, marnes, calcaires, gypse, meulière, pierre à bâtir, phosphate de chaux, sel gemme, pétrole, etc.

CHAPITRE XVIII

L'ÈRE QUATERNAIRE

164. Définition et caractères généraux. — Comparée à celles qui l'ont précédée, l'ère quaternaire a été très courte ; elle se continue de nos jours.

Le monde quaternaire est presque le monde actuel. La faune comprend à peu près les mêmes animaux, et la flore, les mêmes plantes. Tout au plus allons-nous constater, dans la distribution géographique des êtres vivants, des changements corrélatifs des changements climatériques. Cependant, quelques grands phénomènes caractérisent l'ère quaternaire. C'est, dans l'ordre physique, le *grand développement des glaciers* et l'*établissement de la topographie actuelle*. C'est, dans l'ordre du monde animé, l'*existence de l'Homme*.

Les terrains quaternaires, étant les derniers formés, recouvrent tous les autres et ne sont recouverts que par la terre végétale. Aussi les appelle-t-on souvent *superficiels*.

Les mers avaient, sensiblement, les contours des mers actuelles. Pourtant, le long de certaines côtes, on voit, à des altitudes qui ne dépassent généralement pas quelques mètres, d'anciens cordons littoraux ou d'anciennes plages qui dénotent de légères oscillations du domaine maritime.

Les terrains quaternaires, essentiellement continentaux, sont des alluvions, des moraines, etc.

165. Divisions de l'ère quaternaire. — Pendant la première partie de l'ère quaternaire, il y avait de grands glaciers, de grands cours d'eau, qui finissaient de donner à la Terre les derniers traits de sa topographie actuelle. Le règne animal comprenait encore quelques grandes espèces aujourd'hui éteintes, telles que le Mammouth, l'Ours des cavernes.

L'Homme, contemporain de ces animaux, était dans un état de civilisation tout à fait rudimentaire. Cette première période a été appelée *pléistocène* ([1]).

Plus tard, les grands animaux, que nous venons de citer, ont disparu ; la faune est devenue identique à la faune actuelle. L'Homme s'est lui même perfectionné. Ce sont les temps actuels, la période dite *actuelle*, ou encore *holocène* ([2]).

166. Les grandes extensions glaciaires.

— Dès la fin de l'ère tertiaire, c'est-à-dire à un moment où les Pyrénées étaient encore jeunes, où les Alpes venaient de surgir, et où les grands volcans de la France centrale achevaient de s'édifier, il y avait, sur toutes ces montagnes, des glaciers de dimensions supérieures à celles des plus grands glaciers actuels des Alpes.

Sous l'influence de causes assez mal connues, ces glaciers ont pris, pendant la période pléistocène, un développement

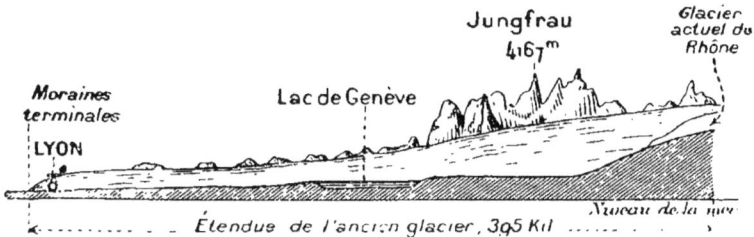

Fig. 220. — Croquis montrant l'extension du glacier quaternaire de la vallée du Rhône par rapport au glacier actuel.

extraordinaire. Des sommets, ils ont gagné les plaines et se sont étendus jusqu'à des distances colossales de leurs points de départ. Les glaciers des Alpes sont arrivés jusqu'à Lyon. Les collines qui dominent cette ville sont couvertes de blocs erratiques arrachés aux montagnes de la Savoie et du Dauphiné, et charriés d'une distance d'environ 400 kilomètres (fig. 220).

([1]) Du grec *pleistos*, beaucoup plus. et *kainos*, récent.
([2]) Du grec *olos*, entier, et *kainos*, récent, entièrement récent.

Dans les Pyrénées, toutes les vallées montrent, à leur débouché dans la plaine, d'énormes moraines. Le Massif Central de la France, sur les plus hauts sommets duquel la neige ne persiste jamais d'une année à l'autre, avait aussi de grands glaciers qui n'ont pas peu contribué à la dégradation des volcans du Cantal et du Mont-Dore (fig. 221). Il en était de même des Vosges, etc.

Dans les contrées septentrionales, le phénomène a été encore plus intense (pl. VI). Des hauteurs de la Scandinavie partaient des fleuves de glace, qui s'écoulaient dans toutes les directions et se réunissaient en une nappe continue, immense, analogue à l'*Inlandsis* du Groenland, mais beaucoup plus vaste. D'un côté, ces masses de glace, comblant la mer du Nord, allaient buter contre les glaciers qui recouvraient l'Écosse et une grande partie de l'Angleterre. D'un autre côté, ils s'étalaient sur la Hollande, l'Allemagne et la Russie, dont le sol est encore tout recouvert de moraines et de blocs erratiques d'origine scandinave.

Fig. 221. — Bloc erratique déposé par un ancien glacier aux environs d'Aurillac (Cantal).

L'Amérique du Nord avait aussi sa mer de glace, tandis que les Montagnes Rocheuses présentaient des glaciers analogues à ceux des Alpes.

On a été amené à reconnaître plusieurs phases d'avancement des glaciers, ou *phases glaciaires*, séparées par des phases de recul des glaciers, ou *phases interglaciaires*. Nécessairement le climat, la flore et la faune subissaient le contre coup de ces variations.

167. *Alluvions et limons.* — Les phénomènes glaciaires montrent que les précipitations atmosphériques étaient très abondantes pendant le Pléistocène. Nous avons une autre

preuve de ce fait dans les énormes dépôts d'alluvions datant aussi de cette époque.

Lorsqu'on quitte le lit d'une rivière ou d'un fleuve, on

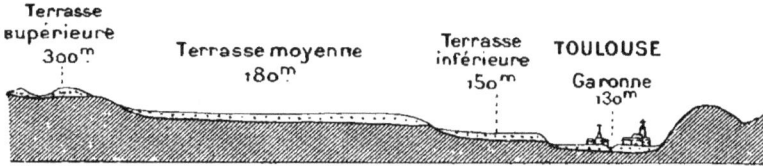

Fig. 222. — Profil transversal de la vallée de la Garonne à Toulouse.

trouve, à divers niveaux au-dessus du thalweg, des étendues plus ou moins considérables, disposées en terrasses et recouvertes de graviers ou de cailloux roulés (fig. 222). Ces alluvions ont été formées pendant le Pléistocène, soit par suite de crues résultant d'un accroissement extraordinaire des précipitations atmosphériques, soit par suite de la fusion rapide des glaciers. Comme chaque vallée montre des terrasses à plusieurs niveaux, on peut en conclure que le creusement de la vallée ne s'est pas fait d'une manière continue, qu'il y a eu des temps d'arrêt suivis de nouvelles recrudescences, et nous trouvons ici un phénomène de périodicité parallèle à celui des glaciers.

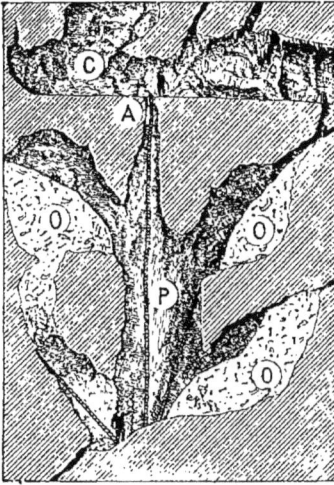

Fig. 223. — Coupe d'un puits à ossements dans la caverne de Gargas (Hautes-Pyrénées).

C, fond de la caverne. — A, entrée du puits P. — O, argile ayant livré des squelettes d'Ours, d'Hyène et de Loup actuellement dans la galerie de Paléontologie du Muséum.

Dans beaucoup de pays, notamment le Nord de la France, la Belgique, l'Allemagne, les alluvions quaternaires sont recouvertes par des *limons*, dont la formation doit être attribuée à la fois à un transport de

L'EUROPE
PENDANT LA PLUS GRANDE PÉRIODE GLACIAIRE.

M.Boule.

Glaces flottantes

ATLANTIQUE

Glaces des Alpes

MÉDITERRANÉE

ADRIATIQUE

MER NOIRE

BANQUISES

Edimbourg

Christiania · Stockholm

Moscou

Berlin

Paris

Vienne

Madrid

Lisbonne

Rome

Constantinople

Alger

Glaciers   Banquises   Glaces flottan

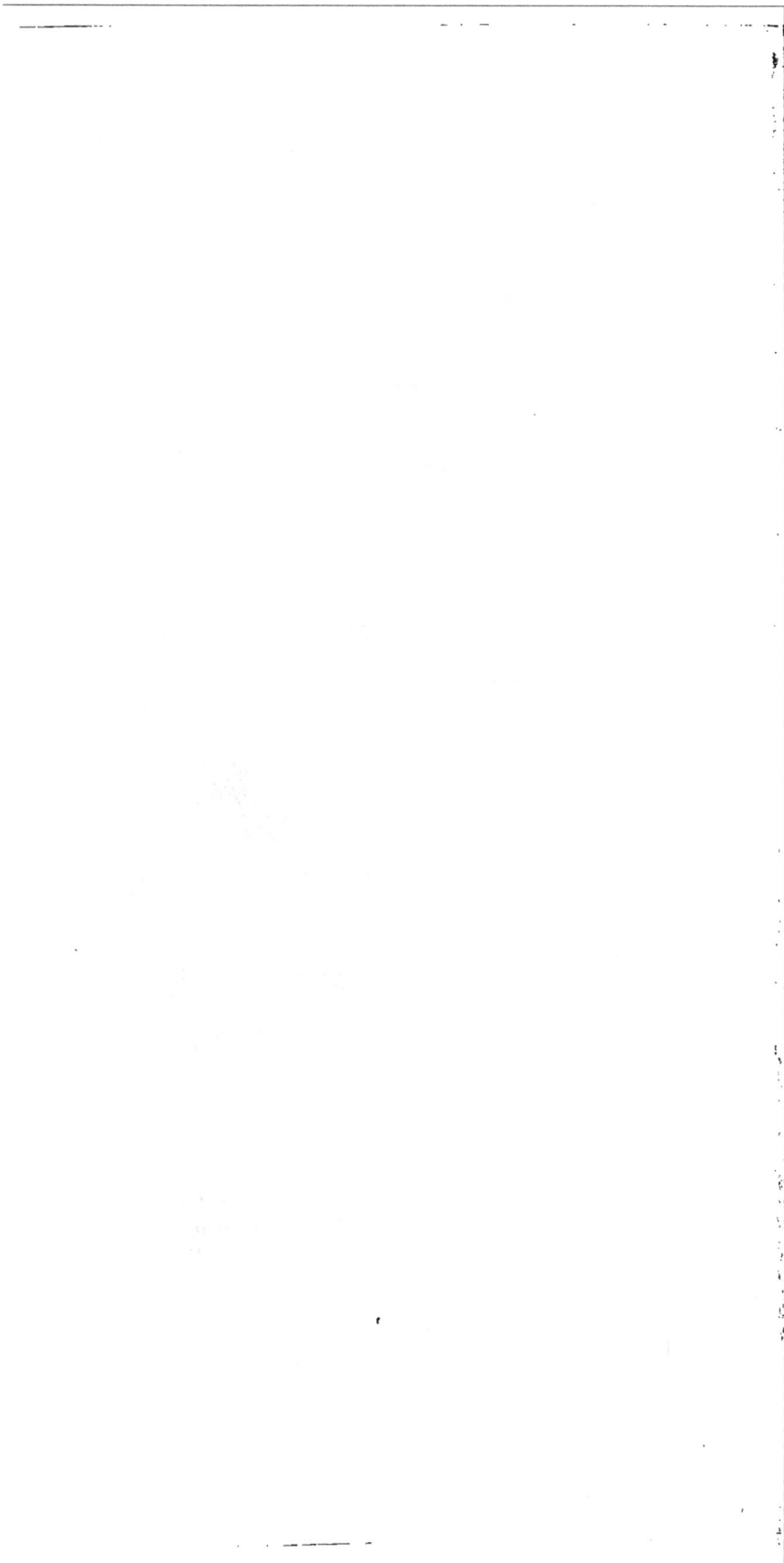

poussières terreuses par les vents et à un ruissellement intense des eaux pluviales.

168. Dépôts des cavernes. — Dans les régions formées par des roches calcaires et creusées de cavités souterraines, le

Fig. 224. — Carte topographique représentant plusieurs volcans de la chaîne des Puys et leurs coulées de laves, ou *cheires*.

jeu des érosions atmosphériques et le creusement progressif des vallées établirent la communication de ces cavernes avec l'extérieur. Par les ouvertures ainsi produites, le ruissellement des eaux sauvages fit pénétrer de la terre, des cailloux, des ossements d'animaux, etc. De plus, les cavernes furent des repaires de Lions, d'Ours, d'Hyènes; ces fauves y apportaient leurs proies et y laissaient eux-mêmes leurs os (fig. 223). Enfin, elles servirent d'habitations aux premiers Hommes.

Toutes ces reliques des temps quaternaires ont été ensevelies progressivement sous les dépôts de remplissage, de sorte qu'aujourd'hui les terrains de l'intérieur des grottes ou des cavernes constituent, pour les naturalistes, des archives aussi précieuses que vénérables ; elles nous renseignent exactement sur les premiers âges de l'Humanité dans notre pays.

169. *Éruptions volcaniques.* — L'activité volcanique en France ne s'est pas éteinte avec l'ère tertiaire.

Vers la fin de la période pléistocène, au moment du recul définitif des glaciers, les feux souterrains se ranimèrent sur divers points du Massif Central, en Auvergne, dans le Velay et le Vivarais. En Auvergne, cent bouches éruptives, alignées sur 80 kilomètres de longueur, lancèrent des scories brûlantes et inondèrent le pays de laves incandescentes. La série de ces volcans constitue la chaîne des Puys (fig. 224).

170. *La topographie actuelle.* — *Les tourbières.*
On voit que si les grands traits de la géographie actuelle ont été l'œuvre des temps tertiaires, les détails de la topographie ne datent que de l'ère quaternaire et, plus exactement, de la période pléistocène. C'est quand le dessin de cette topographie est achevé que commence la période actuelle (ou *Holocène*). Alors, les cours d'eau ne sortent guère de leur lit ; leurs crues ne déposent qu'un limon de débordement qui n'atteint jamais le niveau de la dernière terrasse quaternaire.

Dans les dépressions du sol laissées par les grands cours d'eau au régime torrentiel, ou par le retrait des glaces, des eaux claires sont envahies par une végétation de mousses : ces plantes forment des *tourbières*, qui ne tardent pas à combler ces dépressions et à donner ainsi une dernière retouche au modelé topographique.

171. *Matériaux des terrains quaternaires utilisés par l'Homme.* — Les terrains quaternaires superficiels

fournissent, sur de vastes étendues, d'*excellents sols pour la culture*. Tout le monde connaît la fertilité des vases déposées par les cours d'eau dans leurs débordements.

Les *limons*, composés d'argile, de sable fin et de parties calcaires, forment l'excellente terre à betteraves du Nord de la France et servent à faire des briques.

Les *alluvions anciennes* plus grossières, les cailloux roulés sont exploités pour le ballast des chemins de fer.

Les alluvions quaternaires constituent les gisements habituels, appelés *placers*, de certaines matières précieuses : le *diamant*, le *saphir*, le *rubis*, l'*or* et le *platine*. Ces substances n'ont pas pris naissance dans les terrains quaternaires. Elles ont été enlevées à leurs gisements primitifs et triées en quelque sorte par les cours d'eau. Il suffit de laver les sables qui les renferment pour les extraire.

172. *Fossiles quaternaires*. — *Les végétaux*. — Les plantes quaternaires étaient identiques aux espèces actuelles, mais leur distribution géographique se montre différente. Dans une même région, certains gisements renferment des espèces dénotant un climat chaud, tandis que d'autres présentent des espèces dénotant un climat froid. C'est ainsi qu'on trouve, dans des tufs calcaires des environs de Paris, des empreintes de Figuier, de Laurier, d'Arbre de Judée, qui sont aujourd'hui des plantes méridionales. Par contre. dans le Wurtemberg, une localité a fourni des espèces de Mousses qui ne s'observent actuellement que dans les contrées tout à fait boréales.

Les plantes froides datent d'une phase glaciaire, tandis que les plantes chaudes correspondent probablement à une phase interglaciaire.

173. *Les animaux éteints de l'ère quaternaire*. — Certains des Mammifères qui habitaient alors notre pays sont aujourd'hui éteints ; d'autres ont émigré.

Parmi les animaux éteints, il faut d'abord citer le *Mammouth*, qui différait des Éléphants actuels parce que ses défenses étaient très recourbées (fig. 225) et son corps couvert de poils. Il était ainsi adapté à un climat froid. Dans les terrains congelés de la

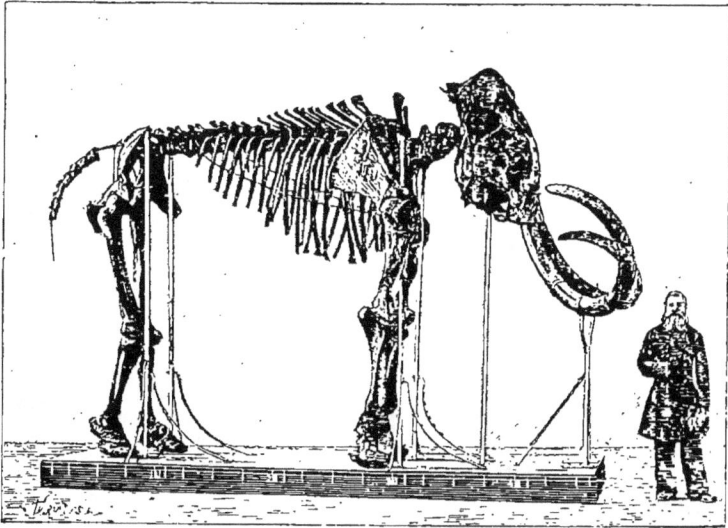

Fig. 225. — Squelette de Mammouth au musée de l'Académie des sciences de Saint-Pétersbourg (longueur : 4^m,80 ; hauteur : 5^m,20).

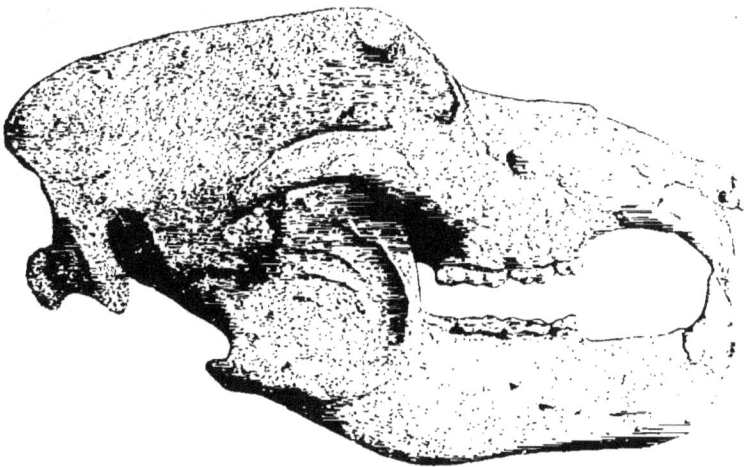

Fig. 226. — Tête d'Ours des cavernes (longueur vraie : 0^m,55).

Sibérie, on rencontre parfois des cadavres entiers de Mammouths, avec la chair et les poils bien conservés. Les restes fossiles de cet animal, notamment des dents molaires isolées, sont très répandus dans les alluvions quaternaires.

Le *Rhinocéros à narines cloisonnées* était un compagnon fidèle du Mammouth. Comme lui, et contrairement aux Rhinocéros actuels, il avait une toison épaisse.

L'*Ours des cavernes*, plus grand et au front plus bombé que

Fig. 227. — Squelette de *Mégathérium* de la galerie de Paléontologie du Muséum de Paris (hauteur vraie : 3ᵐ.60).

les Ours actuels (fig. 226), est aussi une espèce éteinte.

L'Amérique du Nord avait encore un Mastodonte et l'Amérique du Sud était peuplée d'Édentés gigantesques, tels que le *Mégatherium* (¹), énorme Paresseux, au train de derrière massif, aux os trapus, aux pattes armées de fortes griffes (fig. 227).

Il faut encore signaler, parmi les animaux disparus, les Oiseaux géants de la Nouvelle-Zélande et de Madagascar. Les

(¹) Du grec *megas*, grand, et *thérion*, animal.

premiers, appelés *Dinornis*(¹), atteignaient 5 mètres de hauteur (fig. 228). Les seconds, appelés *Epyornis*(²), n'étaient pas moins grands; leurs œufs avaient une capacité de 8 à 10 litres (fig. 229). L'extinction de ces curieuses créatures n'est pas très ancienne, car leur souvenir était resté dans les traditions des Malgaches aussi bien que des Néo-Zélandais. Ces exemples nous montrent comment des formes animales deviennent des fossiles. Actuellement, quelques grands Mammifères, le Bison, l'Éléphant d'Afrique, la Girafe sont en voie de disparition.

Fig. 228. — Restauration du Dinornis de la Nouvelle-Zélande.

174. Les animaux émigrés des temps quaternaires. — De nos jours, la température moyenne dans nos régions est moins élevée qu'elle ne l'a été pendant la phase la plus chaude de l'ère quaternaire; elle est aussi moins basse que celle de la phase la plus froide. De sorte qu'on peut diviser les Mammifères, dont on rencontre les ossements dans les terrains quaternaires et qui vivent encore, en deux groupes : un groupe de climat chaud, qui a émigré vers le Sud ; un groupe de climat froid, qui a émigré vers le Nord.

1° *Animaux du groupe méridio-*

Fig. 229. — Œuf de Poule à côté d'un œuf d'Æpyornis.

(¹) Du grec *deinos*, redoutable, et *ornis*, oiseau.
(²) Du grec *aipus*, haut, élevé, et *ornis*, oiseau.

nal. — Les plus intéressants sont : l'*Hippopotame*, qui ne peut vivre que dans un pays dont les cours d'eau ne gèlent pas. L'Hippopotame a été très répandu en France, notamment aux environs de Paris, à l'époque précisément où nous avons vu croître une végétation de plantes aimant la chaleur.

Le *Lion des cavernes* ne différait du Lion actuel que par sa

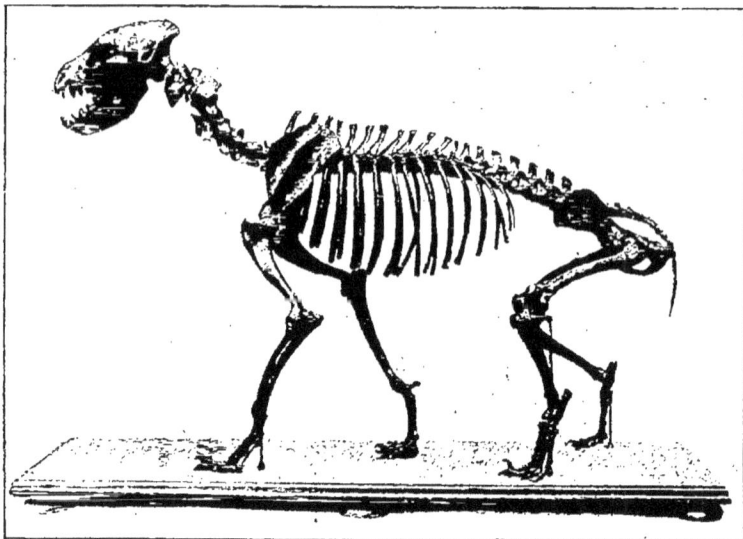

Fig. 250. — Squelette d'Hyène des cavernes (hauteur vraie : 1ᵐ,20).
Galerie de Paléontologie du Muséum.

taille un peu plus considérable. L'*Hyène des cavernes* ressemblait tout à fait à l'Hyène tachetée de l'Afrique australe, mais elle était aussi plus robuste (fig. 230). Enfin, on a trouvé dans nos pays quelques débris du *Magot* d'Afrique et de Gibraltar.

2° *Animaux du groupe septentrional.* — Parmi les Carnassiers, il faut citer le *Renard bleu* et le *Glouton*, qui ne vivent plus que dans les contrées polaires.

Parmi les Ruminants, le *Renne* mérite une mention particulière (fig. 231). Cet animal, qui ne saurait vivre aujourd'hui en liberté au-dessous du 60ᵉ degré de latitude, était extrêmement répandu dans toute la France à une certaine époque de la période pléistocène, dite, pour cette raison, *Age du Renne*. On a recueilli ses ossements jusqu'aux environs de Menton. Il a joué un grand rôle dans la vie des premiers Hommes.

Le *Bouquetin* et le *Chamois*, aujourd'hui confinés sur les

Fig 231. — Le Renne actuel.

hautes cimes des Alpes et des Pyrénées, fréquentaient au même moment les plaines les plus basses.

Enfin, parmi les habitants de la Terre pendant l'ère quaternaire, il en est un dont le règne s'affirme : c'est l'Homme. Son histoire mérite d'être contée en détail.

175. **Résumé**. — L'ère quaternaire, qui comprend les temps actuels, est caractérisée : 1° par le *grand développement des glaciers* et l'établissement de la *topographie actuelle* ; 2° par *l'existence et le règne de l'Homme*.

Les terrains quaternaires sont essentiellement continentaux et superficiels.

L'ère quaternaire se divise en deux périodes : la période *pléisto-cène* et la période *holocène* ou actuelle.

Pendant la période pléistocène, de grands glaciers couvraient les chaînes de montagnes et toutes les contrées septentrionales de l'Europe et de l'Amérique. Tantôt les cours d'eau creusaient leurs vallées, tantôt ils déposaient sur leurs bords de grandes nappes d'alluvions aujourd'hui disposées en *terrasses* étagées.

Les *cavernes* se remplissaient de sédiments qui ont conservé les débris d'animaux quaternaires et les produits primitifs de l'industrie humaine.

C'est aussi de cette époque que datent les *derniers volcans du Massif Central*.

Les *tourbières* ont été formées pendant la période actuelle.

Les terrains quaternaires forment d'*excellents sols* pour la culture. Les alluvions renferment des *substances précieuses* : de l'or, du platine, du diamant, etc.

Quelques animaux pléistocènes n'existent plus aujourd'hui : le *Mammouth*, l'*Ours des cavernes* de nos pays ; le *Mastodonte*, le *Mégathérium* d'Amérique ; les *Oiseaux géants* de la Nouvelle-Zélande et de Madagascar.

D'autres Mammifères, qui existent encore, ont émigré, les uns vers le Sud, comme l'*Hippopotame*, le *Lion*, le *Magot* ; d'autres vers le Nord, comme le *Glouton*, le *Renne*.

CHAPITRE XIX

L'HOMME FOSSILE. — CONCLUSIONS GÉNÉRALES

176. *Histoire de la découverte de l'Homme fossile*.
— La notion de l'existence de l'Homme sur la Terre, avant
les temps historiques les plus reculés, est une conquête de la
science moderne.

Au commencement du xixᵉ siècle, quelques observateurs
avaient trouvé, gisant pêle-mêle avec des ossements d'animaux
d'espèces disparues, des ossements ou des pierres paraissant
façonnées par l'Homme. Ces découvertes passèrent inaperçues
ou ne furent pas appréciées à leur valeur.

En 1846, un antiquaire, Boucher de Perthes, affirma que
certaines pierres, rencontrées par lui dans les carrières de
sable d'Abbeville, avaient été taillées par l'Homme pour être
utilisées comme armes ou comme instruments. Il fut d'abord
vivement combattu, mais, peu à peu, il convertit à ses idées
quelques naturalistes parmi les plus éminents de France et
d'Angleterre.

A partir de 1860, les découvertes analogues à celles de Boucher de Perthes se multiplièrent. Bientôt l'existence de
l'*Homme fossile*, c'est-à-dire l'existence de l'Homme pendant
une période géologique antérieure à la période actuelle, et sa
contemporanéité avec de grands animaux aujourd'hui disparus, ne rencontra plus de contradicteurs.

L'étude de l'Homme fossile constitue aujourd'hui une branche nouvelle de la science, la *Préhistoire*, ou histoire des
temps préhistoriques, qui, née dans notre pays, s'y est rapidement développée.

**177. *Diverses preuves de l'existence de l'Homme
fossile*.** — Les terrains tertiaires et, à plus forte raison, les

terrains secondaires et primaires n'ont livré aucune trace certaine de l'existence de l'Homme. Les couches quaternaires nous fournissent au contraire des témoignages de deux sortes.

Les premiers consistent dans la présence, au sein de ces couches, d'ossements humains fossilisés au même titre que des ossements d'animaux.

Les seconds, de beaucoup les plus nombreux, comprennent des objets portant la trace d'un travail intentionnel. Ces produits de l'industrie de l'Homme fossile se rencontrent dans une multitude de localités et fournissent une base excellente pour classer les temps préhistoriques.

178. Classification des temps préhistoriques. — Au début, l'Homme n'a su travailler ou façonner les pierres, pour en faire des armes ou des instruments, qu'en les taillant par éclats successifs. On a donné à cette période le nom de *paléolithique* (¹) ou de *période de la pierre taillée.*

Cette première période des préhistoriens correspond exactement à la période pléistocène des géologues. L'Homme paléolithique a été contemporain des grands animaux disparus : le Mammouth, l'Ours des cavernes, etc. Il a vu le développement des grands glaciers, le régime torrentiel des cours d'eau, l'éruption des derniers volcans de l'Auvergne.

Fig. 252. — Instrument en pierre, taillé sur les deux faces, dans la forme dite de Saint-Acheul, vu de face et de profil (1/4 de la grandeur naturelle).

Plus tard, l'Homme a travaillé les pierres en les usant par frottement, il a su les polir. C'est la période dite *néolithique* (²), ou *période de la pierre polie.*

Plus tard encore, il apprit à utiliser les métaux, d'abord

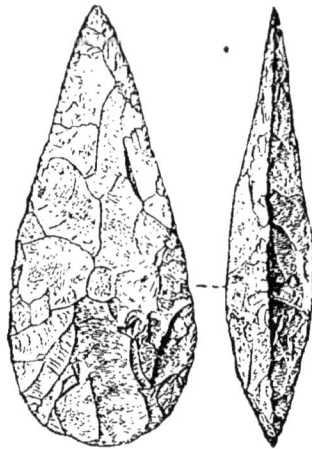

(¹) De *palaios*, ancien, et *lithos*, pierre, âge ancien de la pierre.
(²) De *neos*, nouveau, et *lithos*, pierre, âge récent de la pierre.

le cuivre, puis le bronze et enfin le fer. C'est la *période des métaux*, qui se confond avec l'aurore de l'histoire. L'ensemble des âges néolithique et des métaux correspond à la période actuelle, ou holocène, des géologues.

Le petit tableau suivant résume ces divisions :

DIVISIONS GÉOLOGIQUES.		DIVISIONS ARCHÉOLOGIQUES.	
Ère quaternaire.	Période *actuelle*. . . .	Période DES MÉTAUX.	Âge du *fer*. Âge du *bronze*. Âge du *cuivre*.
		Période NÉOLITHIQUE.	
	Période *pléistocène*. . .	Période PALÉOLITHIQUE.	

Nous n'avons à nous occuper que de l'Homme paléolithique et de l'Homme néolithique, sur lesquels l'histoire écrite est muette. La période des métaux relève de l'archéologie et non de la géologie.

179. *L'Homme paléolithique. Industrie de la pierre.*

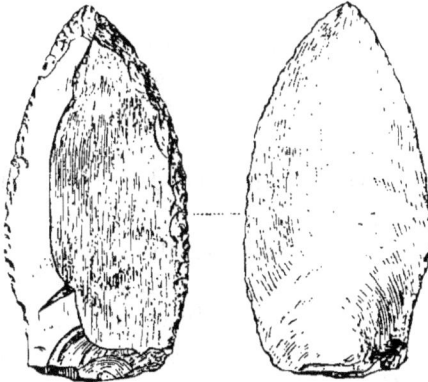

Fig. 235. — Instrument en pierre, taillé sur une seule face (1/2 de la grandeur naturelle).

— Les plus anciens produits de l'industrie humaine, que nous connaissions d'une façon certaine, se rencontrent dans les alluvions anciennes des rivières avec des ossements d'Éléphants, d'Hippopotames, de Rhinocéros, etc. Ce sont des pierres, ordinairement des silex, façonnés à grands éclats. Les uns, taillés sur les deux faces, ont la forme d'une amande (fig. 252). D'autres ne sont taillés que sur une seule face (fig. 235).

L'industrie de la pierre fut ensuite plus variée. Parmi les silex travaillés, les uns, pointus, étaient emmanchés au bout d'un bâton comme pointes de traits (fig. 234 A) ; d'autres, retouchés suivant un arc de cercle, étaient des racloirs et des grattoirs (fig. 234 B), qui servaient, comme chez des peuplades primitives actuelles, à épiler et à travailler les peaux d'animaux. Des instruments plus délicats étaient utilisés comme couteaux, comme scies, comme perçoirs et comme burins (fig. 234 C, D). Ces dernières formes de silex taillés se rencontrent surtout dans les cavernes au milieu de dépôts riches en ossements de Rennes et correspondant à ce qu'on a appelé, pour cette raison, l'*âge du Renne*.

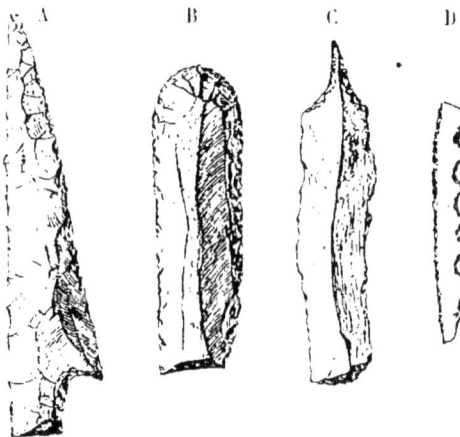

Fig. 234. — Diverses formes de silex taillés, de l'époque du Renne.

A, pointe de trait. — B, grattoir. — C, perçoir. — D, silex denté (2/3 de la grandeur naturelle).

180. Travail de l'os. — Pour se défendre contre les rigueurs d'un climat des plus rudes, les Hommes de l'âge du Renne vivaient, en effet, dans des grottes ou sous des rochers (fig. 235).

Ces troglodytes étaient fort industrieux. Ils savaient travailler, de diverses manières, l'ivoire des défenses de Mammouth, les bois de Rennes, ou les os de divers animaux. Ils en faisaient des pointes de sagaies, des flèches pour la chasse, des harpons pour la pêche (fig. 236). Ils en fabriquaient aussi divers instruments d'un usage domestique, des spatules, des lissoirs pour préparer les peaux de bêtes, des aiguilles percées d'un chas pour coudre les vêtements (fig. 237), etc.

181. Les premiers artistes. — Les Hommes de l'âge du Renne utilisaient les dents des fauves tués à la chasse, les coquillages marins, des pierres percées, etc., pour en faire des trophées ou des colliers (fig. 258).

Ils n'avaient pas seulement l'instinct de la parure. Ils ont été de véritables artistes, les *premiers artistes*. Ils se sont attachés à reproduire la figure des animaux qui vivaient autour d'eux, soit par la sculpture (fig. 259), soit par la gravure (fig. 240), soit par la peinture (fig. 241).

Fig. 255. — Abris sous roches de Bruniquel (Tarn-et-Garonne), habités pendant l'âge du Renne.

L'ivoire et les os des grands animaux leur servaient de matière première pour la sculpture. Ils gravaient sur des os quelconques, sur des bois de Renne, sur des cailloux roulés de la rivière voisine. Ils peignaient de grandes figures sur les parois des cavernes obscures qu'ils habitaient (fig. 241)

Parmi ces productions, il en est qui témoignent d'un sens esthétique réel, d'un coup d'œil exercé et d'une grande sûreté d'exécution. Ce sont parfois de véritables œuvres d'art : représentations de Mammouths avec leurs longs poils et leurs défenses recourbées. Ours des cavernes au front bombé, Rennes, Chevaux élégants de formes et vrais d'allure, etc.

Chose curieuse, ces Hommes, qui avaient le sens et le culte du beau, qui enterraient religieusement leurs morts, étaient, par certains côtés, dans un état de civilisation des plus rudimentaires; on a tout lieu de croire qu'ils ne connaissaient pas la poterie.

Fig. 256. — Diverses formes de harpons en bois de Renne ou de Cerf (1/5 de la grandeur naturelle.)

Fig. 257. — Aiguille en os (1/2 de la grandeur naturelle).

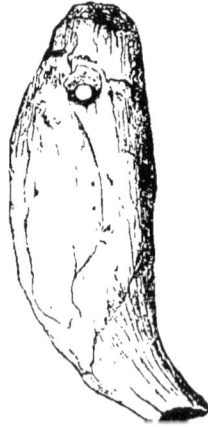

Fig. 258. — Canine de Lion, utilisée comme pendeloque (1/2 de la grandeur naturelle).

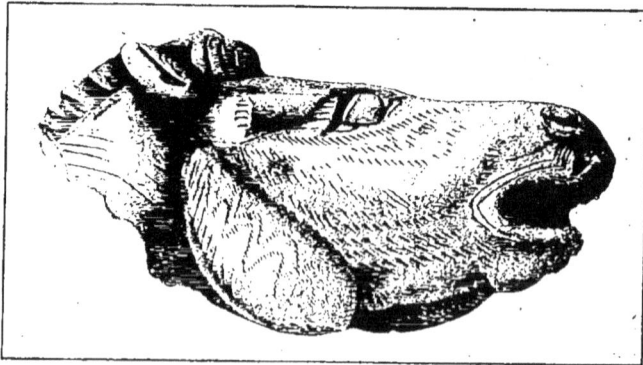

Fig. 259. — Tête de Cheval sculptée dans un morceau de bois de Renne et provenant de la caverne du Mas-d'Azil, Haute-Garonne (grandeur naturelle). Collection Piette, au musée de Saint-Germain.

182. Caractères physiques de l'Homme paléolithique. — Nous avons une idée des caractères intellectuels de l'Homme paléolithique, au moyen des produits de son art et de son industrie. Nous possédons aussi quelques renseignements sur ses caractères physiques. On a trouvé, dans les terrains quaternaires, des crânes d'Hommes fossiles, des mâchoires, des os des membres et même quelques squelettes entiers (fig. 243).

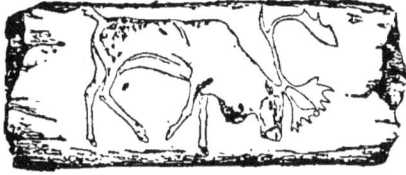

Fig. 240. — Renne gravé sur un morceau d'os (grotte de Thayngen, en Suisse).

Les crânes les plus anciens, tels que celui récemment découvert dans une grotte de La Chapelle-aux-Saints, en Corrèze (fig. 242), accusent de nombreux traits d'infériorité, même quand on les compare

Fig. 241. — Peinture représentant un Bison sur une paroi de la caverne d'Altamira, Espagne (grandeur très réduite; d'après MM. Cartailhac et Breuil).

à ceux des Hommes les plus primitifs de l'époque actuelle tels que les indigènes d'Australie. Les crânes humains de la fin des temps quaternaires se rapprochent beaucoup plus des crânes des races d'aujourd'hui (fig. 243).

Fig. 242. — Crâne humain quaternaire de La Chapelle-aux-Saints (1/5 de la gr. nat.).

185. L'homme néolithique. — Avec la période néolithique, nous entrons tout à fait dans le monde actuel. Les hommes paléolithiques et leur civilisation ont disparu, comme les phénomènes physiques du Pléistocène. Nous sommes en présence de races humaines, qui ont de nouvelles mœurs et une nouvelle industrie.

L'Homme paléolithique était surtout chasseur; l'Homme néolithique est surtout pasteur et cultivateur. Le premier avait à lutter contre de grands animaux sauvages; il charmait ses loisirs par le dessin et la sculpture. Le second savait apprivoiser le Chien et domestiquer des espèces utiles, mais il était dépourvu de tout sens artistique.

184. Les cités lacustres; les dolmens. — Les Hommes de

Fig. 243.— Squelette d'un Homme fossile trouvé dans une grotte italienne près de Menton (Alpes-Maritimes).

l'époque néolithique n'habitaient plus les cavernes. Ils construisaient des huttes avec des branchages. Aux abords des lacs, ils édifiaient leurs habitations sur l'eau. Ils enfonçaient dans la vase des troncs d'arbres, et, sur ces pilotis, ils établissaient un plancher

Fig. 244. — Pilotis d'habitations préhistoriques visibles par suite d'une forte baisse des eaux du lac de Neufchâtel.

Fig. 245. — Habitations lacustres actuelles sur les bords du Mékon.

pour porter leurs maisons. Ces *palafittes*(1), qui étaient très

---

1 De l'italien *palafitti*, pilotis.

nombreuses sur les lacs de la Suisse (fig. 244), se rapprochent des demeures
lacustres de certains
sauvages actuels de la
Nouvelle-Guinée, de
la Malaisie, de l'Indo-
Chine, etc. (fig. 245).

Les Hommes de la
pierre polie construi-
saient aussi des mo-
numents en pierres
énormes ou *monu-
ments mégalithi-
ques* (¹), notamment

Fig. 246. — Vue d'un dolmen.

des *dolmens*. Ceux ci se composent de grandes dalles brutes
placées verticalement pour
limiter une chambre dont le
toit était formé par une ou
plusieurs dalles posées à plat
(fig. 246). On croyait naguère

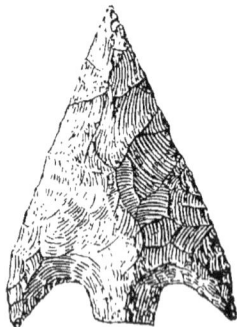

Hache en pierre.

Emmanchure.

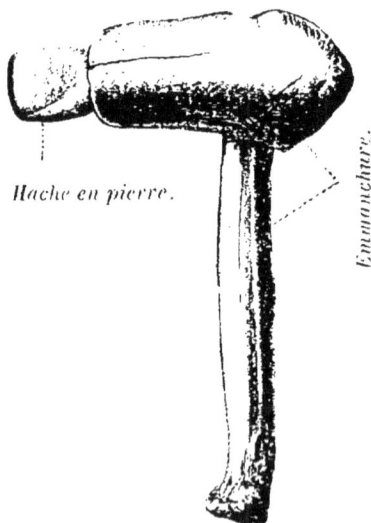

Fig. 247. — Pointe de flèche en
silex de l'époque néolithique
grandeur naturelle.

Fig. 248. — Hache polie emmanchée
provenant des cités lacustres de la
Suisse grandeur réduite.

que les dolmens étaient des autels élevés par les Druides ; on

(¹) Du grec *megas*. grand. et *lithos*, pierre.

sait aujourd'hui qu'ils représentent des caveaux funéraires
où nos ancêtres néolithiques déposaient leurs morts.

185. *Industrie et mœurs des Hommes néolithiques.*
— Dans les foyers des fonds de cabanes, entre les pilotis des
cités lacustres, dans les chambres sépulcrales des dolmens, on
trouve de nombreux produits de l'industrie néolithique.

Le travail de la pierre s'est perfectionné. Beaucoup de silex
travaillés par éclat servent encore aux usages de la vie journa-
lière : mais, à côté d'instruments plus ou moins grossiers, on
trouve de fines têtes de flèche (fig. 247), des pointes de lance,

Fig. 249. — Vase en terre de l'é-
poque néolithique (1/5 de la
grandeur naturelle).

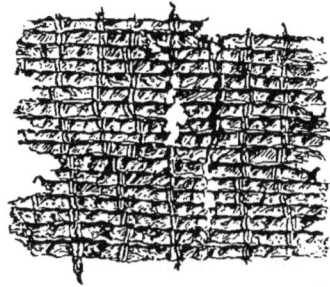

Fig. 250. — Débris de tissu trouvé dans
un lac de la Suisse, sur l'emplacement
d'une cité lacustre préhistorique.

des poignards travaillés avec une habileté et une délicatesse
extraordinaires. L'objet nouveau, caractéristique, est la *hache
en pierre polie*, qui était emmanchée dans une gaine en bois
de Cerf (fig. 248).

On continuait à fabriquer des poinçons, des ciseaux et
autres instruments en os, mais ceux-ci n'avaient pas l'élégance
des objets analogues de l'âge du Renne. De même, on ne trouve
plus aucun travail d'art. L'ornementation ne consiste qu'en
des combinaisons très simples de lignes droites ou de cercles
concentriques.

Par contre, l'Homme néolithique sait fabriquer des vases
en terre (fig. 249), il cultive et utilise diverses plantes alimentaires ou textiles : le Blé, l'Orge, le Lin, etc. Il fabrique
du pain : il tisse des étoffes grossières (fig. 250) ; il fait de

véritables travaux de mine pour aller chercher au sein de la terre la matière première et son outillage de pierre, etc.

186. *Caractères physiques de l'Homme néolithique*. — On possède de très nombreux squelettes humains de l'époque de la pierre polie. Ils ne présentent plus les caractères d'infériorité que nous ont montrés les rares débris de l'Homme quaternaire. Ils offrent même déjà une grande diversité. Suivant les pays, nous voyons des races à tête ronde, des races à tête allongée, des races de grande stature, des races de petite taille, etc.

Fig. 251. — Hache en bronze (1/4 de la grandeur naturelle).

Cette complication ne fait qu'augmenter quand arrivent les Hommes qui apportent avec eux la connaissance des métaux. C'est le cuivre qui est d'abord utilisé, puis le bronze (fig. 251), et enfin le fer.

Nous arrivons ainsi au seuil de l'histoire devant lequel le géologue doit s'arrêter.

Conclusions générales.

187. La géologie vient de nous faire connaître la longue série de transformations que notre planète a dû subir pour arriver à son état actuel. Elle nous a fait assister à l'apparition et au développement de la vie ; elle a ressuscité les innombrables et curieuses créatures du passé. Il se dégage des spectacles qu'elle nous a offerts quelques grandes et importantes conclusions.

La première, c'est que *l'histoire de la Terre représente une durée immense*. La science est encore incapable d'évaluer cette durée par des chiffres. Mais on peut en avoir une idée en réfléchissant à ces faits que 10 000 ans au moins se sont écoulés depuis la fin de la période pléistocène et que, depuis 10 000 ans, les changements subis par la surface terrestre, bien que réels, sont pour ainsi dire inappréciables. Quel nombre de siècles faut-il donc attribuer à l'ère quaternaire qui a vu se produire tant de modifications? Et l'épaisseur des dépôts quaternaires est presque négligeable si on la compare à l'épaisseur des dépôts tertiaires, des dépôts secondaires et surtout des dépôts primaires et archéens.

Déjà les plantes et les animaux de l'ère tertiaire ressemblent beaucoup aux plantes et aux animaux actuels. Quel effrayant nombre de siècles a dû exiger l'évolution du monde animé depuis les premiers Trilobites!

Une deuxième conclusion, c'est que *l'histoire de la Terre a été continue*, qu'elle n'a pas été marquée par ces grands cataclysmes dont on parlait autrefois, quand la science était à ses débuts. Il n'y a pas eu de « révolutions du globe » dans le sens général qu'on donnait à ce mot.

Les déplacements de la mer, les soulèvements de chaînes de montagnes n'ont pas été des phénomènes brusques. Ils se sont effectués peu à peu, d'une manière tellement lente que s'il y avait eu, à l'époque où ils se produisaient, une humanité pensante et réfléchie, celle-ci ne s'en serait pas plus aperçue que nous ne nous apercevons des changements de même ordre qui s'effectuent actuellement.

Les divisions que nous avons établies dans l'histoire de la Terre ne sont pas réelles, elles ne servent qu'à aider la faiblesse de notre esprit.

Une dernière conclusion sera que *cette évolution ne s'est pas faite au hasard, qu'elle a obéi à une loi de progrès.*

Le monde primaire était inférieur, à tous égards, au monde secondaire, le monde secondaire au monde tertiaire et celui-ci au monde quaternaire.

L'apparition des grands groupes d'êtres vivants s'est faite régulièrement, dans l'ordre inverse de leur supériorité hiérarchique.

Pour les plantes, nous avons vu les Cryptogames apparaître avant les Phanérogames ; parmi celles-ci les Gymnospermes ont dominé avant les Angiospermes.

De même pour les animaux. D'abord il n'y a eu que des Invertébrés ; ensuite est venu le règne des Poissons, puis celui des Reptiles, puis celui des Mammifères, et enfin celui de l'Homme.

L'humanité s'est elle-même perfectionnée peu à peu. L'histoire du monde est dominée par une loi de progrès. Ainsi se dégage de la géologie une philosophie sereine et réconfortante.

188. Résumé. — L'*Homme fossile* nous est connu par ses ossements et par les produits de son industrie.

D'abord il n'eut que des instruments en pierre taillée (période *paléolithique* = période *pléistocène* des géologues) ; puis en pierre polie (période *néolithique*) ; puis en cuivre, en bronze et en fer (période *des métaux*).

L'outillage de l'Homme paléolithique, d'abord très primitif, comprit ensuite des instruments variés en silex : pointes, grattoirs, perçoirs, etc. ; des objets en os ou en bois de Renne : pointes de sagaies, de flèches, harpons, lissoirs, aiguilles à coudre.

Les hommes de *l'âge du Renne* étaient surtout chasseurs ; ils vivaient dans des grottes ou sous des abris rocheux. Ils savaient sculpter, graver et peindre ; ils ont été les *premiers artistes*.

Par leurs caractères physiques, les premiers Hommes paléolithiques étaient inférieurs aux Hommes des races sauvages actuelles.

L'*Homme néolithique* était plutôt pasteur et cultivateur. Il habitait des huttes ou des cabanes bâties sur pilotis. Il savait user et polir la pierre pour en faire des *haches* ; il cultivait diverses plantes alimentaires ou textiles, fabriquait des étoffes, de la poterie. Il enterrait ses morts dans des *dolmens*. Il offrait déjà une assez grande variété de races.

Peu à peu l'industrie des métaux succéda à l'industrie de la pierre.

L'étude, que nous venons de terminer, des transformations subies par notre planète, nous amène à formuler trois conclusions principales : 1° l'histoire de la terre représente une durée immense ; 2° cette histoire témoigne d'une évolution lente et continue ; 3° cette évolution a obéi à une loi de progrès.

Cette dernière proposition ressort nettement de l'examen du petit tableau ci-dessous, qui résume les principales divisions géologiques et leurs caractères paléontologiques.

TABLEAU DES PRINCIPALES DIVISIONS GÉOLOGIQUES
ET DE LEURS CARACTÈRES PALÉONTOLOGIQUES

ÈRES ET PÉRIODES GÉOLOGIQUES		PLANTES	INVERTÉBRÉS	VERTÉBRÉS
QUATERNAIRE.	Holocène. Pléistocène.	Actuelles.	Actuels.	Règne de l'Homme.
TERTIAIRE......	Pliocène. Miocène. Oligocène. Eocène.	Règne des Angiospermes.	Règne des Acéphales et des Gastropodes. Nummulites.	Règne des Mammifères.
SECONDAIRE...	Crétacé. Jurassique. Trias.	Règne des Gymnospermes.	Règne des Ammonites et des Bélemnites.	Premiers Oiseaux. Règne des Reptiles.
PRIMAIRE.......	Permien. Carbonifère. Dévonien. Silurien.	Règne des Cryptogames vasculaires.	Règne des Brachiopodes et des Trilobites.	Premiers Reptiles. Règne des Poissons Ganoïdes.
ARCHÉEN		Fossiles inconnus.		

TABLE DES MATIÈRES

75648. — Imprimerie LAHURE, 9, rue de Fleurus, à Paris.

MASSON & Cie, EDITEURS

120, BOULEVARD SAINT-GERMAIN, PARIS (VIe).

Pr. n° 732   (Mai 1913)

EXTRAIT DU CATALOGUE CLASSIQUE

(Année Scolaire 1912-1913)

ENSEIGNEMENT SECONDAIRE

Nouveau Cours de Grammaire française

Par H. BRELET

Nouvelles éditions conformes à la nouvelle nomenclature

I
CLASSES PRÉPARATOIRES

Premières leçons de Grammaire française, à l'usage des Classes Préparatoires, par H. Brelet et Mathey, professeur au lycée Janson-de-Sailly. *Nouvelle édition*. 1 vol. in-16, cartonné . . . . 2 fr.
Ce volume comprend à la fois les leçons et les **exercices**.

II
CLASSES ÉLÉMENTAIRES

Éléments de Grammaire française, à l'usage des classes de Huitième et de Septième, par H. Brelet. *Nouvelle édition*, revue et corrigée, 1 vol. in-16, cartonné toile souple . . . . 2 fr.
Exercices sur les Éléments de Grammaire française, à l'usage des classes de Huitième et de Septième, par V. Charpy, agrégé de Grammaire, professeur au lycée Janson-de-Sailly. *Nouvelle édition*, 1 vol. in-16, cartonné toile souple. . . . . 2 fr.

III
PREMIER CYCLE

Divisions A et B

Abrégé de Grammaire française, à l'usage des classes de Sixième et de Cinquième, par H. Brelet. *Nouvelle édition*, revue et corrigée. 1 vol. in-16, cartonné toile souple . . . . 2 fr. 50
Exercices sur l'Abrégé de Grammaire française, à l'usage des classes de Sixième et de Cinquième, par H. Brelet et V. Charpy. *Nouvelle édition*. 1 vol. in-16, cartonné toile souple. . . . . 2 fr. 50

IV

Grammaire française, à l'usage de la classe de Quatrième et des Classes supérieures, par H. Brelet. *Nouvelle édition*. 1 vol. in-16, cart. . . . 3 fr.
Exercices sur la Grammaire française, à l'usage de la classe de Quatrième et des Classes supérieures, par H. Brelet et V. Charpy. *Nouvelle édition*. 1 vol. in-16, cartonné toile . . . . 3 fr.

ENSEIGNEMENT SECONDAIRE

GRAMMAIRE

NOUVEAU COURS

DE

Grammaire Latine

et de

Grammaire Grecque

Par H. BRELET

Abrégé de Grammaire latine (Sixième et Cinquième), par H. BRELET 9ᵉ *édition conforme à la nouvelle nomenclature*, 1912. . . . **2 fr.** »

Exercices latins (Classe de Sixième) par V. CHARPY, 6ᵉ *édition conforme à la nouvelle nomenclature* . . . . **2 fr.** »

Exercices latins (Cinquième) par H. BRELET et V. CHARPY. 4ᵉ*édition conforme à la nouvelle nomenclature*, 1912 . . . . **2 fr. 50**

Grammaire latine (Quatrième et classes Supérieures), par H. BRELET. 7ᵉ *édition conforme à la nouvelle nomenclature*, 1912. . . **2 fr. 50**

Tableau des Exemples des Grammaires grecque et latine par H. BRELET. . . . . **0 fr. 80**

Exercices latins (Quatrième), par H. BRELET et FAURE. 4ᵉ *édition conforme à la nouvelle nomenclature*. . . . . **2 fr. 50**

Exercices latins (Classes Supérieures), par H. BRELET et FAURE. **3 fr.** »

Epitome Historiæ Græcæ (Sixième), par H. BRELET. . . **2 fr.** »

Abrégé de Grammaire grecque (Quatrième et Troisième), par H. BRELET. 4ᵉ *édition*. . . . . **2 fr.** »

Premiers Exercices grecs (ancienne classe de Cinquième), par H. BRELET et V. CHARPY. . . . . **1 fr. 50**

Exercices grecs (déclinaisons et conjugaisons) (Quatrième et Troisième), par H. BRELET et V. CHARPY. . . . . **2 fr.** »

Grammaire grecque (Troisième et classes Supérieures), par H. BRELET. 3ᵉ *édition*. . . . . **3 fr.** »

Tableau des Exemples des Grammaires grecque et latine. par H. BRELET. **0 fr. 80**

Exercices grecs (syntaxe) (Troisième et classes Supérieures), par H. BRELET et FAURE. . . . . **3 fr.** »

Chrestomathie grecque (Choix de Fables d'Esope — Extraits de Lucien : Dialogue des morts, Dialogue des Dieux, Histoire vraie) (Quatrième), par H. BRELET. 4ᵉ *édition conforme à la nouvelle nomenclature*. . . . . **2 fr. 50**

ENSEIGNEMENT SECONDAIRE

ENSEIGNEMENT DES LANGUES VIVANTES

THE ENGLISH CLASS

NOUVEAU COURS DE LANGUE ANGLAISE

Conforme aux dernières Instructions ministérielles

PAR

M. DESSAGNES

Professeur au Lycée Louis-le-Grand

I

The English Class (*Classe de 6e. 1re année*). Un volume in-16 avec nombreuses fig. . . . . **2 fr. 75**

The English Class. (*Classe de 5e. 2e année*). Un volume in-16 avec nombreuses fig. **3 fr.**

The English Class. (*Classe de 4e. 3e année*). Un volume in-16 avec nombreuses fig. . . . . (*Paraîtra en mai* 1913)

The English Class. (*Classe de 3e. 4e année*). Un volume in-16 avec nombreuses fig. . . . . (*Paraîtra en octobre* 1913)

The English Class. (*Classe de 2e. 5e année*). Un volume in-16 avec nombreuses fig.. . . . . (*En préparation*)

The English Class. (*Classe de 1re. 6e année*). Un volume in-16 avec nombreuses fig.. . . . . (*En préparation*)

II

(GRANDS COMMENÇANTS)

The English Class. I. (*Classes de 2e B, D, 4e année des Lycées de Jeunes Filles, Écoles normales 1re et 2e années.*) Un volume in-16 avec nombreuses figures, cartonné toile souple. . . . . . . **3 fr.** »

The English Class. II. (*Classes de 1re B, D; 5e année des Lycées de Jeunes Filles, Écoles normales 3e année*). Un volume in-16 avec nombreuses figures, cartonné toile souple . . . . **3 fr. 50**

ENSEIGNEMENT SECONDAIRE

Ouvrages de MM.

E. CLARAC et E. WINTZWEILLER
Agrégé de l'Université,   Agrégé de l'Université,
Professeur au lycée Montaigne.   Professeur au Lycée Louis-le-Grand

NOUVELLE SÉRIE (Cartonnage vert)
Conforme aux dernières Instructions ministérielles

I

Deutsches Sprachbuch (*Classe de 6e. 1re année*) 2e *édition.*
1 vol. in-16, avec nombreuses fig. . . . . **2 fr. 50**

Deutsches Sprachbuch (*Classe de 5e. 2e année*). 2e *édition.*
1 vol. in-16, avec nombreuses fig.. . . . . **3 fr.** »

Deutsches Sprachbuch (*Classe de 4e. 3e année*). 2e *édition.*
1 vol. in-16, avec nombreuses fig. . . . . **3 fr.** »

Deutsches Sprachbuch (*Classe de 3e. 4e année*). 2e *édition.*
1 vol. in-16, avec nombreuses fig. . . . . **3 fr. 50**

Deutsches Lesebuch (*Classe de 2e. 5e année*). 2e *édition.* 1 vol.
in-16, avec nombreuses fig. . . . . **2 fr. 50**

Deutsches Lesebuch (*Classe de 1re. 6e année*). 1 vol. in-16, avec
nombreuses fig. . . . . **3 fr.** »

II

(GRANDS COMMENÇANTS)
Cours de Langue Allemande

I. (*Classes de 2e B, D, 4e année des Lycées de Jeunes Filles. — Écoles
normales 1re et 2e années*). Un volume in-16.. . . . . . . **3 fr. 50**

II. (*Classes de 1re B, D, 3e année des Lycées de Jeunes Filles. Écoles
normales 3e année*).— Un volume in-16, avec nombreuses fig. **3 fr. 50**

= 5 =

ENSEIGNEMENT SECONDAIRE

LANGUE ALLEMANDE (*suite*)

ANCIENNE SÉRIE (Cartonnage brique)
Conforme aux programmes du 31 Mai 1902

Livre élémentaire d'Allemand, méthode de langage, de lecture et d'écriture. *Classes élémentaires.* 2ᵉ *édition.* 1 vol. in-16. 2 fr. 50

Erstes Sprach- und Lesebuch. *Classes de Sixième et de Cinquième.* 6ᵉ *édition.* 1 vol. in-16, cart. toile. . . . . . (*Épuisé,*

Zweites Sprach- und Lesebuch. *Classe de Quatrième.* 4ᵉ *édition.* 1 vol. in-16, cart. toile, ... 2 fr

Drittes Sprach- und Lesebuch, *Classe de Troisième.* 4ᵉ *édition* 1 vol. in-16, cart. toile . . . . 2 fr.

Viertes Sprach-und Lesebuch. *Classe de Seconde.* 3ᵉ *édition.* 1 vol. in-16, cart. toile. . . . . 2 fr. 50

Fünftes Sprach- und Lesebuch. *Classe de Première.* Avec la collaboration de M. Maresquelle, professeur au lycée de Nancy. 2ᵉ *édition.* 1 vol. in-16, cart. toile. . . . . 3 fr.

Sechstes Sprach – und Lesebuch. *Classes de Philosophie, Mathématiques, Saint-Cyr.* 1 vol. in-16, cart. toile . . . 3 fr.

Deutsche Uebungen für Quarta. Devoirs et Exercices sur le Zweites Lesebuch. 1 vol. in-16, cart. toile. . . . . 1 fr. 50

Deutsche Uebungen für Tertia. Devoirs et Exercices sur le Drittes Lesebuch. 1 vol. in-16, cart. toile. . . . . 1 fr. 50

Deutsche Grammatik. 2ᵉ *édition.* 1 vol. in-16, cart. toile. 1 fr. 50

Extraits des Auteurs Allemands. *I. Classes de Quatrième et de Troisième.* 2ᵉ *édition.* 1 vol. in-16, cart. toile. . . . 2 fr. 50 *II. Classes de Seconde et de Première.* 1 vol. in-16, cart. toile. . . . . 3 fr.

English Grammar, par H. Veslot. 2ᵉ *édition.* 1 vol. in-16. 1 fr. 50

Lectures anglaises. *Classes de Seconde et de Première,* par H. Veslot. 1 vol. in-16. . . . . 3 fr.

Grammaire espagnole, par I. Guadalupe. 3ᵉ *édition.* 1 vol, in-16. . . . . 3 fr.

ENSEIGNEMENT SECONDAIRE

LITTÉRATURE

Ouvrages de M. PETIT DE JULLEVILLE
Professeur à la Faculté des lettres de Paris.

HISTOIRE
DE LA
Littérature Française

Depuis les origines jusqu'à nos jours

Nouvelle édition, augmentée pour la période contemporaine. 1 vol. in-16. cart. toile. . . . . 4 fr.

On peut se procurer séparément :

DES ORIGINES A CORNEILLE. *Nouvelle édition.* 1 vol. in-16, cart. toile. . . . . 2 fr.

DE CORNEILLE A NOS JOURS. *Nouvelle édition* revue et mise à jour par M. Auguste AUDOLLENT, maître de Conférences à l'Université de Clermont. 1 vol. in-16, cart. toile . . . . 2 fr.

MORCEAUX CHOISIS
des Auteurs français
poètes et prosateurs

AVEC NOTES ET NOTICES

1 vol. in-16, cart. toile . . . . . 5 fr.

On vend séparément :

Nouvelle édition renfermant environ 400 extraits des principaux écrivains depuis le onzième siècle jusqu'à nos jours, avec de courtes notices d'histoire littéraire. Cette nouvelle édition, revue et mise à jour par M. A. Audollent, maître de conférences à l'Université de Clermont, a été augmentée d'un choix d'extraits des écrivains contemporains depuis Leconte de Lisle et Flaubert jusqu'à A. Daudet, Pierre Loti, Anatole France, Guy de Maupassant, Paul Bourget et Edmond Rostand.

I. MOYEN AGE ET XVI⁰ SIÈCLE. — II. XVII⁰ SIÈCLE. — III. XVIII⁰ ET XIX⁰ SIÈCLES.
Chaque volume, cart. toile verte, est vendu séparément . . . . . . 2 fr.

LEÇONS
de Littérature Grecque

Par M. CROISET, membre de l'Institut, professeur à la Faculté des lettres.
12⁰ édition. 1 vol. in-16, cart. toile. . . . 2 fr.

LEÇONS
de Littérature Latine

Par MM. LALLIER, maître de conférences, et LANTOINE, secrétaire de la Faculté des lettres de Paris.
9⁰ édition. 1 vol. in-16, cartonné . . . . . 2 fr.

PREMIÈRES LEÇONS
D'HISTOIRE LITTÉRAIRE

Littérature grecque, littérature latine, littérature française, par MM. Croiset, Lallier et Petit de Julleville.
8⁰ édition. 1 vol. in-16, cartonné toile. . . 2 fr.

LITTÉRATURE

Ouvrages de
MM. E. BAUER et DE SAINT-ÉTIENNE
Professeurs à l'École alsacienne.

Récitations et Lectures Enfantines
à l'usage des classes élémentaires des lycées et collèges
1 vol. in-16, cart. toile (*Quatrième édition entièrement refondue*). 1 fr. 25

Premières Lectures Littéraires
1 vol. in-16, cart. toile (*Dix-neuvième édit. entièrement refondue*). 1 fr. 75

Nouvelles Lectures Littéraires
Avec notes et notices, et Préface par M. Petit de Julleville
1 vol. in-16, cart. toile (*Douzième édition entièrement refondue*). 2 fr. 50

DIVERS

BRUNOT, professeur à la Faculté des lettres de Paris.
Précis de Grammaire historique de la langue française, avec une introduction sur les origines et le développement de cette langue. *Ouvrage couronné par l'Académie française.* 4ᵉ édition. 1 vol. in-18, cart. toile verte. . . . . . 6 fr.

CAUSSADE (de), Conservateur à la Bibliothèque Mazarine.
Notions de Rhétorique et étude des genres littéraires. 10ᵉ édit. 1 vol. in-18, toile anglaise. . . . 2 fr. 50

LE GOFFIC (Charles) et **THIEULIN** (Édouard), professeurs agrégés de l'Université.
Nouveau traité de versification française, à l'usage des lycées et des collèges. 5ᵉ édition, revue. 1 vol. cart. toile. 1 fr. 50

LIARD, vice-recteur de l'Académie de Paris.
Logique, 7ᵉ édition. 1 vol., cartonné toile. . . . . . 2 fr.

CLÉDAT, professeur à la Faculté des lettres de Lyon.
Précis d'orthographe et de grammaire phonétiques pour l'enseignement du français à l'étranger. 1 vol. in-18. 1 fr.

ENSEIGNEMENT SECONDAIRE

HISTOIRE

Cahiers d'Histoire
à l'usage des Élèves de l'Enseignement secondaire
PAR E. SIEURIN

Classe de 6ᵉ. *L'Antiquité* (2ᵉ édition, revue). . . . . . . 1 fr. 50
Classe de 5ᵉ. *Le Moyen Age*. . . . . 1 fr. 50
Classe de 4ᵉ. *Les Temps modernes*. . . . . 1 fr. 50
Classe de 3ᵉ. *L'Époque contemporaine* . . . . 1 fr. 50

Nouveau Cours d'Histoire
PAR L.-G. GOURRAIGNE (¹)
Professeur au lycée Janson-de-Sailly
et à l'École normale supérieure d'enseignement primaire de Saint-Cloud.

Le moyen âge et le commencement des temps modernes (*Classes de Cinquième A et B*). 1 volume in-16, avec nombreuses figures, cart. toile . . . . 3 fr.

Les Temps modernes (*Classes de Quatrième A et B*). 1 vol. in-16, avec nombreuses figures, cart. toile . . . . 3 fr.

L'Époque contemporaine (*Classes de Troisième A et B*). 1 vol. in-16, cart. toile . . . . 3 fr.

Histoire moderne (*Classes de Seconde*).

Histoire moderne. (*Classes de Première A, B, C, D*). 1 vol. in-16, avec nombreuses figures, cart. toile . . . . . 5 fr.

Histoire contemporaine de 1815 à 1889 (*Classes de Philosophie A et de Mathématiques A*). 1 vol. in-16, cart. toile. 5 fr.

Cartes d'Étude
Pour servir à l'Enseignement de l'Histoire
(Antiquité, moyen âge, temps modernes et contemporains)
PAR E. SIEURIN

Atlas in-4 de 122 cartes et cartons, cart. 4ᵉ *édition*. . . 2 fr. 50

(1) V. page 11. — Cours de Saint-Cyr.

HISTOIRE ET GÉOGRAPHIE

Cartes d'Étude

POUR SERVIR A L'ENSEIGNEMENT DE LA

Géographie et de l'Histoire

Par MARCEL DUBOIS et E. SIEURIN

Classe de Sixième. — I. Antiquité. II. Géographie générale, Amérique, Australie. 12ᵉ *édition*, avec 5 cartes refaites. 1 fr. 80

Classe de Cinquième. — I. Moyen âge. II. Asie, Insulinde, Afrique. 11ᵉ *édition*, avec 13 cartes refaites. . . . . 1 fr. 80

Classe de Quatrième. — I. Temps modernes. II. Europe. 10ᵉ *édition*, avec 2 cartes nouvelles et 16 cartes refaites. . . . . 1 fr. 80

Classe de Troisième. — I. Époque contemporaine. II. France et Colonies. 13ᵉ *édition*, avec 12 cartes refaites. . . . . 2 fr. »

Classe de Seconde. — I. Histoire ancienne (Orient et Grèce) et Histoire moderne (jusqu'en 1715). II. Géographie générale. 4ᵉ *édition*, avec 5 cartes nouvelles. . . . . 2 fr. »

Classe de Première. — I. Histoire ancienne (Rome) et Histoire moderne (1715-1815). II. France et Colonies. 13ᵉ *édition*, avec 21 cartes nouvelles. . . . . 2 fr. »

Classes de Philosophie et de Mathématiques. — I. Histoire contemporaine depuis 1815. II. Les principales puissances du monde. 2ᵉ *édition*, entièrement refondue, augmentée de 9 cartes historiques. . . . . 2 fr. »

Cahiers Sieurin

à l'usage des élèves de l'Enseignement secondaire

I. — Classe de 6ᵉ. *Géographie générale, Amérique, Australasie* (3ᵉ édition). . . . . 0 fr. 60
II. — Classe de 5ᵉ. *Asie, Insulinde, Afrique* (3ᵉ édition). 0 fr. 60
III. — Classe de 4ᵉ. *Europe* (3ᵉ édition) . . . . . . 0 fr. 75
IV. — Classe de 3ᵉ. *France et Colonies* (4ᵉ édition). . 0 fr. 75
V. — Classe de 2ᵉ. *Géographie générale*. . 0 fr. 75
VI. — Classe de 1ʳᵉ. *France et Colonies* (3ᵉ édition). . 0 fr. 75
VII. — Classes de Philosophie et de Mathématiques. *Les principales Puissances du monde*. 0 fr. 75

ENSEIGNEMENT SECONDAIRE

GÉOGRAPHIE

COURS COMPLET
DE GÉOGRAPHIE

Conforme aux programmes du 31 mai 1902

PUBLIÉ SOUS LA DIRECTION DE

M. MARCEL DUBOIS

Professeur de Géographie coloniale à la Faculté des lettres de Paris,
Maître de conférences à l'École normale de jeunes filles de Sèvres.

6 volumes in-8°, cartonnés toile anglaise grise.

PREMIER CYCLE
Divisions A et B.

Afrique — Asie — Insulinde, avec cartes et croquis, avec la collaboration de H. SCHIRMER, maître de conférences à l'Université de Paris, et de M. Camille GUY, gouverneur du Sénégal. 4ᵉ édition entièrement refondue. *(Classe de Cinquième.).* . 2 fr. 50

Europe, avec la collaboration de MM. DURANDIN et MALET, professeurs agrégés d'histoire et de géographie. 5ᵉ édition entièrement refondue. *(Classe de Quatrième.).* . . . . 3 fr.

Géographie de la France et de ses Colonies. 3ᵉ édition entièrement refondue. *(Classe de Troisième.).* . . . . . . 2 fr. 50

DEUXIÈME CYCLE
Sections A. B. C. D.

Géographie générale. Avec cartes et croquis, 2ᵉ édition. *(Classe de Seconde.).* . . . . 4 fr.

Géographie de la France et de ses Colonies. — *Cours supérieur,* avec figures et cartes, 6ᵉ édition. *(Classe de Première.).* . 4 fr.

Les Principales Puissances du Monde, avec la collaboration de M. J.-G. KERGOMARD, 3ᵉ édition. *(Classes de Philosophie et de Mathématiques.)* . . . . 4 fr. 50

ENSEIGNEMENT SECONDAIRE

GÉOGRAPHIE

CLASSES ÉLÉMENTAIRES

Cours d'Histoire et de Géographie

PAR

E. SIEURIN

Professeur au collège de Melun.

Classes préparatoires
2e *édition.* 1 volume in-16 cartonné toile, avec 91 figures. . . 2 fr. »
Classe de Huitième
2e *édition.* 1 volume in-16 cartonné toile, avec 115 figures. . . 2 fr. »
Classe de Septième
2e *édition.* 1 vol. in-16 cartonné toile, avec 90 figures. . . . 2 fr. 50

ÉCOLE SPÉCIALE MILITAIRE DE SAINT-CYR

Cours d'Histoire contemporaine

Rédigé conformément au programme du 17 juillet 1908

PAR

L.-G. GOURRAIGNE

Professeur agrégé d'Histoire et de Géographie au lycée Janson-de-Sailly
et à l'École coloniale.

1 vol. in-8, cartonné toile . . . . 10 fr.

Histoire de la Civilisation

PAR CH. SEIGNOBOS

VOLUMES IN-16, CARTONNÉS TOILE MARRON, AVEC FIGURES

Histoire de la civilisation ancienne (Orient, Grèce,
Rome). 5e *édition* . . . . 3 fr. »
Histoire de la civilisation au moyen âge et dans les temps
modernes 5e *édition* . . . . 3 fr. »
Histoire de la civilisation contemporaine. 6e *édition*. 3 fr. »

ÉCOLES NORMALES PRIMAIRES

CARTES D'ÉTUDE

pour servir à l'enseignement de la géographie

(LES CINQ PARTIES DU MONDE)
Par MM. Marcel Dubois et E. SIEURIN

1 atlas in-4°, de 140 cartes et 415 cartons, relié toile . . . . . 6 fr. 50

ENSEIGNEMENT SECONDAIRE

PHYSIQUE

CLASSES DE SCIENCES

Ier CYCLE

Notions élémentaires
de Physique

Conformes aux programmes de 1912

PAR

J. FAIVRE-DUPAIGRE | **E. CARIMEY**
Inspecteur gén. de l'Iustruction publique | Professeur de Physique
Anc. professeur au Lycée Saint-Louis | au Lycée Saint-Louis

Classe de Quatrième B, 3e éd. 1 vol. in-16 avec 130 fig., cart. . . **2 fr.**
Classe de Troisième B, 2e éd. 1 vol. in-16 avec 184 fig., cart. **2 fr. 50**

IIe CYCLE

Nouveau Cours
de Physique élémentaire

Conforme aux programmes de 1912

SOUS LA DIRECTION DE

E. FERNET

Inspecteur général honoraire de l'Instruction publique,

PAR

J. FAIVRE-DUPAIGRE et E. CARIMEY

I. (Classe de Seconde C, D.) 3e édition. 1 vol. in-16, avec 250 fig.
et 123 exercices, cart. toile souple. . . . . **3 fr**
II. (Classe de Première C, D.) 4e édition. 1 vol. in-16 avec 394 fig.
et 158 exercices, cart. toile souple. . . . . **4 fr.**
III. (Classe de Mathématiques.) 3e édition. 1 vol. in-16, avec
342 fig. et 104 exercices, cart. toile souple. . . . . **4 fr.**

CLASSES DE LETTRES

Traité élémentaire
de Physique

Conforme aux programmes de 1912

PAR

J. FAIVRE-DUPAIGRE et E. CARIMEY

Classe de Philosophie. 2e édition. 1 vol. in-16, avec 690 fig.,
cartonné toile souple. . . . . **6 fr. 50**

ENSEIGNEMENT SECONDAIRE

PHYSIQUE

CLASSES DE SCIENCES

Ier CYCLE

Notions élémentaires
de Physique

Conformes aux programmes de 1912

CHIMIE

Nouveau Cours
de Chimie Élémentaire

Conforme aux programmes de 1912

PAR

C. MATIGNON | **J. LAMIRAND**
Professeur | Inspecteur de l'Académie de Paris
au Collège de France | Ancien professeur au Lycée St-Louis

Classes de Philosophie A, B. 1 vol. in-16 avec 299 figures et 80 exercices, cart. toile souple. . . . . 3 fr. 50

Classes de Seconde C, D. 1 vol. in-16, avec 193 figures et 60 exercices, cart. toile souple . . . 2 fr. 50

Classes de Première C, D. 1 vol. in-16, avec 207 figures et 65 exercices, cart. toile souple. . . . . 3 fr.

Classes de Mathématiques A, B. Paraîtra en Octobre 1913.

Traité élémentaire de Chimie, par M. TROOST, membre de l'Institut, avec la collaboration de Ed. PECHARD, chargé de cours à la Faculté des Sciences de Paris.
15e *édition, entièrement refondue et corrigée.* 1 vol. in-8, avec 548 figures dans le texte. Broché, 8 fr. — Cartonné toile. . . . . 9 fr

Précis de Chimie, par MM. TROOST et PÉCHARD.
40e *édition, conforme aux nouveaux programmes.* 1 vol. in-18, avec 506 figures, cartonné toile. . . . . 3 fr. 50

PHYSIQUE

Cours de Physique

pour les classes de Mathématiques spéciales
de E. FERNET et J. FAIVRE-DUPAIGRE

5e *édition entièrement nouvelle par*

J. FAIVRE-DUPAIGRE et J. LAMIRAND

1 vol. grand in-8, avec 951 figures. . . . . 20 fr.

ENSEIGNEMENT SECONDAIRE

Ouvrages de MM.

Ch. VACQUANT	A. MACÉ DE LÉPINAY
Ancien Inspecteur général de l'Instruction publique.	Professeur de mathématiques spéciales au lycée Henri IV.

Programmes du 4 mai 1912

GÉOMÉTRIE

Classes de Sciences

Premiers éléments de Géométrie (5ᵉ *B*, 4ᵉ *B* et 3ᵉ *B*). 5ᵉ édition. 1 vol. in-16, cart. toile. . . . . 3 fr. 50

Éléments de Géométrie (*Seconde et Première C et D, Mathématiques*). 19ᵉ édition. Un vol. in-16, cart. toile. . . . . . 5 fr. 25

Classes de Lettres

Premières notions de Géométrie élémentaire.

1ʳᵉ Partie (4ᵉ *A* et 3ᵉ *A*) avec des compléments relatifs aux programmes facultatifs des classes de 1ʳᵉ A et B. 18ᵉ édition. 1 vol. in-16, cart. toile. . . . . 2 fr.

2ᵉ Partie (2ᵉ *et* 1ʳᵉ *A et B, Philosophie*) avec des compléments relatifs aux programmes facultatifs des classes de 1ʳᵉ A et B, de Philosophie. 18ᵉ édition. 1 vol. in-16, cartonné toile . . 1 fr. 50

Les 1ʳᵉ et 2ᵉ parties réunies sont vendues en un seul volume, in-16, cartonné toile anglaise. . . . . 3 fr. 25

Cours de Géométrie élémentaire, à l'usage des élèves de mathématiques élémentaires, avec des compléments destinés aux candidats à l'École Normale et à l'École Polytechnique. 8ᵉ édition. 1 volume avec 1050 figures. 10 fr. Cartonné. . . . . 11 fr.

TRIGONOMÉTRIE

Cours de Trigonométrie. Nouvelle édition.

1ʳᵉ partie (Première C et D et Mathématiques). 1 vol. in-8° broché . . . . 3 fr. »

2ᵉ partie (Compléments destinés aux élèves de Mathématiques spéciales). 1 vol. in-8°, broché. . . . . 2 fr. 50

NEVEU (Henri), agrégé de l'Université.

Cours d'Algèbre, à l'usage des classes de Mathématiques. 5ᵉ édit. entièrement refondue. 1 vol. in-8 . . . . . 9 fr.

ROUBAUDI, professeur de mathématiques au lycée Buffon.

Cours de Géométrie descriptive, *conforme aux programmes du 27 juillet* 1905 *et du 4 mai* 1912.

Fasc. I. *Classe de Première C et D.* 7ᵉ édition, avec 165 fig. . . . . 2 fr. 50

Fasc. II. *Classe de Mathématiques A et B.* 4ᵉ édition, avec 214 fig. et 500 exercices. . . . . 3 fr.

Les 2 fascicules réunis en un seul volume . . . . . 5 fr.

MATHÉMATIQUES

Nouveau Cours complet de Mathématiques

Rédigé conformément aux programmes de 1911 et de 1912

PAR

H. COMMISSAIRE

Ancien élève de l'École Normale Supérieure,
Professeur de Mathématiques spéciales au lycée Charlemagne.

Leçons d'Arithmétique (*Classes de Mathématiques A, B*).
1 vol. in-16, avec problèmes et exercices.

Paraîtra en juin 1913.

Leçons d'Algèbre et de Trigonométrie (*Classes de Mathématiques A, B*). 1 vol. in-16, avec 856 problèmes et exercices, un formulaire et des tables pour les calculs numériques. . . . . **7 fr.**

Leçons d'Algèbre (*Classes de 2ᵉ C, D*). 1 vol. in-8 avec 634 problèmes et exercices, un formulaire et des tables de logarithmes . . . . **3 fr.**

Leçons de Trigonométrie (et compléments d'Algèbre) (*Classes de 1ʳᵉ C et D*). 1 vol. in-8 avec 583 problèmes et exercices, un formulaire et des tables de logarithmes. **3 fr.**

MÉMENTOS
à l'usage des Candidats aux baccalauréats de l'Enseignement classique et moderne et aux Écoles du Gouvernement.

Mémento de Chimie, par M. A. Dybowski, professeur au lycée Louis-le-Grand. 8ᵉ *édition.* 1 vol. in-12. . . . . 3 fr.

Questions de Physique. Énoncés et Solutions, par R. Cazo, docteur ès sciences. 5ᵉ *édition.* 1 vol. in-12 . . . . 2 fr.

Mémento d'Histoire naturelle, par M. Marage, docteur ès sciences, 1 vol. in-12, avec 102 figures. . . . . 2 fr.

Conseils pour la Composition française, la version, le thème et les épreuves orales, par A. Keller. 1 vol. in-12. . . . 1 fr.

Résumé du Cours de Philosophie sous forme de plans, par A. Keller. 1 vol. in-12 . . . . 2 fr.

Histoire de la Philosophie, par A. Keller. 1 vol. . . . . 1 fr.

SCIENCES NATURELLES

COURS ÉLÉMENTAIRE
D'HISTOIRE NATURELLE

Rédigé conformément aux programmes du 31 mai 1902

PAR MM.

M. BOULE
Professeur au Muséum d'histoire naturelle.

E.-L. BOUVIER
Professeur au Muséum d'histoire naturelle. Membre de l'Institut

H. LECOMTE
Professeur au Muséum d'histoire naturelle.

PREMIER CYCLE

Notions de Zoologie (6e A et B), 2e *édit.*, par E.-L. Bouvier. 2 fr. 50
Notions de Botanique (5e A et B), 3e *édit.*, par H. Lecomte. 2 fr. 75
Notions de Géologie (5e B et 4e A), 3e *édit.*, par M. Boule. . 1 fr. 75
Notions de Biologie, d'Anatomie et de Physiologie appliquées
à l'homme (3e B), par E.-L. Bouvier. . . . . 2 fr. 50

SECOND CYCLE

Conférences de Géologie (Seconde A, B, C, D,) 3e *édition*, par
M. Boule . . . . 2 fr. 50
Éléments d'Anatomie et de Physiologie végétales (Philosophie
et Mathématiques A et B), par H. Lecomte. . . . . 2 fr. 50
Éléments d'Anatomie et de Physiologie animales (Philosophie
et Mathématiques A et B), par E.-L. Bouvier. 2e *édition*. . 3 fr. 50
Conférences de Paléontologie. (Philosophie A et B et Mathémati-
ques A et B). 2e *édition*, par M. Boule. . . . . 2 fr.

DIVERS

LAPPARENT (A. de), membre de l'Institut.
> **Abrégé de Géologie.** 6e édition, entièrement refondue.
> 1 vol. in-16, avec 163 figures, et une carte géologique de
> la France, en couleurs. . . . . 4 fr.
> **Traité de Géologie.** 5e édition, entièrement refondue
> et considérablement augmentée. 3 vol. gr. in-8° contenant
> xvi-2016 pages, avec 883 figures . . . . 38 fr.
> **Précis de Minéralogie.** 5e édition. 1 vol. in-18, avec
> 535 figures et 1 planche, cartonné toile. . . . . . 5 fr.
> **Leçons de Géographie physique.** 3e édition. 1 vol.
> grand in-8, avec 205 fig. et 1 planche en couleurs . 12 fr.

ENSEIGNEMENT SECONDAIRE
CERTIFICAT D'ÉTUDES
PHYSIQUES, CHIMIQUES ET NATURELLES (P. C. N.)

Cours élémentaire de Zoologie
Par Rémy PERRIER
Chargé de cours à la Faculté des sciences de Paris.

5ᵉ *édition*, revue. 1 vol. avec 765 figures, relié toile.   12 fr.

Zoologie pratique, basée sur la dissection des animaux les plus répandus, par L. JAMMES, maître de conférences à la Faculté des sciences de Toulouse. 1 vol. in-8° de 560 p. avec 317 figures dans le texte.. . . . .   18 fr.

Traité des Manipulations de Physique, par B.-C. DAMIEN, professeur, et R. PAILLOT, chef des travaux pratiques à la Faculté de Lille. 1 vol. in-8° avec 246 figures.   7 fr.

Éléments de Botanique, par PH. VAN TIEGHEM, de l'Institut, professeur au Muséum. 4ᵉ *édition*, revue et augmentée. 2 vol. in-16 de 1170 p. avec 580 fig., cartonnés.   12 fr.

Éléments de Chimie organique et de Chimie biologique, par W. ŒCHSNER DE CONINCK, professeur à la Faculté des sciences de Montpellier. 1 vol in-16. .   2 fr.

Éléments de Chimie des métaux, par W. ŒCHSNER DE CONINCK. 1 vol. in-16. . . . . 2 fr.

DROIT USUEL

Cours élémentaire de Droit usuel, par T. VAQUETTE, Docteur en droit. 2ᵉ *édition*. 1 vol. in-16, cart. toile.   2 fr. 50

GYMNASTIQUE

Manuel de Gymnastique rationnelle et pratique, (Méthode Suédoise), par M. SOLEIROL DE SERVES, Médecin gymnaste et Mᵐᵉ LE ROUX, Professeur de gymnastique au Lycée de Versailles. 3ᵉ *édition, revue.* 1 vol. in-16, avec nombreuses figures, cartonné toile anglaise.. . . . .   2 fr.

DESSIN

Traité pratique de Composition décorative, à l'usage des Jeunes gens, répondant aux nouveaux programmes du Dessin et du Modelage des Écoles normales d'instituteurs, des Ecoles professionnelles, des Ecoles d'ouvriers d'art, par M. FRECHON, professeur à l'Ecole primaire supérieure de Melun. 1 volume in-4°, cartonné toile. . . . .   3 fr. 50

ENSEIGNEMENT PRIMAIRE SUPÉRIEUR

Programmes du 26 Juillet 1909

COURS de PHYSIQUE & de CHIMIE

Par P. MÉTRAL

Agrégé de l'Université, Directeur de l'École primaire supérieure Colbert, à Paris.

JEUNES GENS	JEUNES FILLES
1re ANNÉE. 2e éd. 1 vol. in-16, avec 255 fig. . . . . . . 2 fr. 50	1re ANNÉE. 2e éd. 1 vol. in-16, avec 210 fig. . . . . . . 2 fr. 50
2e ANNÉE. 2e éd. 1 vol. in-16, avec 293 fig. . . . . 3 fr.	2e ANNÉE. 1 vol. in-16, avec 217 fig., cart. toile. . . 2 fr. 25
3e ANNÉE. 2e éd. 1 vol. in-16, avec 314 fig. . . . . 3 fr.	3e ANNÉE. 1 vol. in-16, avec 168 fig., cart. toile. . . 2 fr. 25
Cours de physique (1re, 2e, 3e années). 2e éd. 1 vol. . . 4 fr.	Cours de physique (1re, 2e, 3e années). 1 vol. in-16. 3 fr. 50
Cours de chimie (1re, 2e, 3e années). 2e éd. 1 vol. 3 fr. 50	Cours de chimie (1re, 2e, 3e années). 1 vol. in-16. 3 fr.

COURS D'ARITHMÉTIQUE (THÉORIQUE et PRATIQUE)

Par M. H. NEVEU

Agrégé de l'Université,
Directeur de l'École primaire supérieure Lavoisier, à Paris.

6e édition. 1 volume in-16, cartonné toile. . . . . 3 fr.

COURS D'ALGÈBRE (THÉORIQUE et PRATIQUE)

Suivi de NOTIONS DE TRIGONOMÉTRIE

Par M. H. NEVEU

6e édition. 1 volume in-16, cartonné toile. . . . . 3 fr.

COURS DE GÉOMÉTRIE (THÉORIQUE et PRATIQUE)

Par MM. H. NEVEU et BELLENGER

1re année. 3e édition. 1 vol. in-16, cart. toile. . . . . 2 fr. »
2e année. 2e édition. 1 vol. in-16, cart. toile . . . . 2 fr. 50
5e année. 2e édition. 1 vol. in-16, cart. toile . . . . 3 fr. »

NOTIONS DE TECHNOLOGIE

Par H. GIBERT

Professeur à l'École Colbert, Agrégé de l'Université.

Conforme au dernier programme de l'Enseignement primaire supérieur.

1 vol. in-16, avec 362 figures . . . . 5 fr.

= 19 =

ENSEIGNEMENT PRIMAIRE SUPÉRIEUR

Programmes du 26 Juillet 1909

COURS D'HISTOIRE

Par E. SIEURIN et C. CHABERT
Professeurs à l'École primaire supérieure de Melun.

1ʳᵉ ANNÉE. Histoire de France depuis le début du XVIᵉ siècle jusqu'en 1789. 8ᵉ *édit.* 1 vol. avec 171 gravures, ... 2 fr.
2ᵉ ANNÉE. Histoire de France de 1789 à la fin du XIXᵉ siècle. 7ᵉ *édit.* vol. avec 132 gravures . . . , ... 2 fr.
3ᵉ ANNÉE. Le monde au XIXᵉ siècle. 8ᵉ *édition.* 1 vol. avec 95 gravures. cart. toile . . . . 2 fr.

COURS DE GÉOGRAPHIE
Par

Marcel DUBOIS	E. SIEURIN,
Professeur à la Faculté des lettres de Paris.	Professeur au Collège de Melun.

1ʳᵉ ANNÉE. — Aspects du Globe. La France. 2ᵉ *édit.* 1 vol. 2 fr. 25
2ᵉ ANNÉE. — L'Europe (moins la France). 2ᵉ *édit.* 1 vol. 2 fr. 25
3ᵉ ANNÉE. — Le Monde (moins l'Europe). Le rôle de la France dans le Monde. 2ᵉ *édit.* 1 vol. . . . . . 2 fr. 25

CARTES D'ÉTUDE

pour servir à l'Enseignement
de la Géographie et de l'Histoire

Par MM. Marcel DUBOIS et E. SIEURIN

1ʳᵉ ANNÉE. — I. — Moyen âge et Temps modernes.
  II. — La France. 14ᵉ *édit.*. . . . . 2 fr. 25
2ᵉ ANNÉE. — I. — Époque contemporaine.
  II. — L'Europe (moins la France). 15ᵉ *éd.* 2 fr. 25
3ᵉ ANNÉE. — I. — Le monde au XIXᵉ siècle.
  II. — Le Monde (moins l'Europe). 14ᵉ *éd.* 2 fr. 25

CAHIERS SIEURIN, 3ᵉ *édition.*

1ʳᵉ ANNÉE. — Géographie générale. La France. 4ᵉ *édit.* . 0 fr. 75
2ᵉ ANNÉE. — L'Europe (moins la France). 3ᵉ *édit.* . . . 0 fr. 75
3ᵉ ANNÉE. — Le Monde (moins l'Europe). 3ᵉ *édit.* . . . 0 fr. 75

== ENSEIGNEMENT PRIMAIRE SUPÉRIEUR ==

COURS DE COMPTABILITÉ

PAR Gabriel FAURE

Professeur à l'École des Hautes Études commerciales et à l'École commerciale.

3ᵉ *édition*. 1 volume in-16, cart. toile. . . . . 3 fr.

COURS D'HISTOIRE NATURELLE

PAR MM.

M. BOULE	**Ch. GRAVIER**	**H. LECOMTE**
Professeur au Muséum	Assistant au Muséum	Professeur au Muséum

1ʳᵉ année. 4ᵉ *édition*. 1 vol., avec 364 figures . . . . . . 2 fr. 25
2ᵉ année. 3ᵉ *édition*. 1 vol., avec 476 figures et 7 planches . . 3 fr.
3ᵉ année. 5ᵉ *édition*. 1 vol., avec 488 figures . . . . 3 fr.

TEXTES FRANÇAIS

LECTURES et EXPLICATIONS A L'USAGE DES Iʳᵉ, 2ᵉ ET 3ᵉ ANNÉE

Avec Introduction, Notes et Commentaires

Par Ch. WEVER

Ancien professeur d'École primaire supérieure, Professeur au Collège de Melun.

3ᵉ *édition*. 1 vol. in-16 de 460 pages, cartonné toile. . . . . . 3 fr.

COURS DE LANGUE FRANÇAISE

Grammaire et Exercices par Ch. WEVER 1 volume in-16, cartonné . . . . 2 fr.

COURS D'INSTRUCTION CIVIQUE

Par Albert MÉTIN

Professeur aux Écoles primaires supérieures de Paris.

3ᵉ *édition, revue*. 1 volume in-16 avec figures, cartonné toile. 1 fr. 50

COURS D'ÉCONOMIE POLITIQUE

Par Albert MÉTIN

3ᵉ *édition, revue*. 1 vol. in-16, cartonné toile. . . . . 1 fr. 50

COURS DE DROIT USUEL

Par Albert MÉTIN

4ᵉ *édition, revue*. 1 vol. in-16, cartonné toile. . . . . 1 fr 50,

= 21 =

= BREVET ÉLÉMENTAIRE ET COURS SPÉCIAUX =

HISTOIRE DE FRANCE

des origines à nos jours

Par E. SIEURIN et C. CHABERT

Professeurs d'Histoire à l'École primaire supérieure de Melun.

4e *édition entièrement refondue.* 1 volume in-16, avec nombreuses figures. . . . . 2 fr. 50

GÉOGRAPHIE de la FRANCE

et des CINQ PARTIES du MONDE

Par E. SIEURIN

5e *édition.* 1 volume in-16, avec 149 cartes dans le texte. 2 fr. 50

= ENSEIGNEMENT COMMERCIAL =

Éléments de Commerce et de Comptabilité

Par Gabriel Faure

Professeur à l'École des Hautes Études commerciales et à l'École commerciale

NEUVIÈME ÉDITION

1 volume petit in-8, cartonné toile anglaise. . . 4 fr.

= COLLECTION LANTOINE =

EXTRAITS DES CLASSIQUES

GRECS ET LATINS

TRADUITS EN FRANÇAIS

Plutarque. *Vies des Grecs illustres* (Choix), par M. LEMERCIER.

Hérodote (Extraits), par M. CORRÉARD.

Plutarque. *Vie des Romains illustres* (Choix), par M. LEMERCIER.

Xénophon (Analyse et Extraits), par M. VICTOR GLACHANT.

Eschyle, Sophocle, Euripide (Extraits), par M. PUECH.

Plaute, Térence (Extraits choisis), par M. AUDOLLENT.

Eschyle, Sophocle, Euripide (Pièces choisies), par M. PUECH, maître de conférences à la Faculté des lettres de Paris.

Aristophane. Pièces choisies, par M. FERTÉ.

Sénèque. Extraits par M. LEGRAND.

Cicéron. Traités. Discours. Lettres, par M. H. LANTOINE.

César, Salluste, Tite-Live, Tacite (Extraits), par M. H. LANTOINE.

Chaque volume est vendu cartonné toile anglaise 2 fr.

= ENSEIGNEMENT DU DESSIN (JEUNES FILLES) =
Nouveauté.

Traité théorique et pratique
de Travaux à l'aiguille

RÉPONDANT AUX DERNIERS PROGRAMMES DU TRAVAIL MANUEL
DANS L'ENSEIGNEMENT PRIMAIRE SUPÉRIEUR ET DANS L'ENSEIGNEMENT SECONDAIRE

Par H. FRECHON
Professeur à l'École primaire supérieure de Melun

1 volume in-4, avec planches. . . . . 3 fr. 50

Traité pratique de
Composition décorative
à l'usage des Jeunes Filles

RÉPONDANT AUX PROGRAMMES DES COURS COMPLÉMENTAIRES DES ÉCOLES PRIMAIRES
SUPÉRIEURES ET PROFESSIONNELLES, DES ÉCOLES NORMALES

Par H. FRECHON

2ᵉ *édition*, 1 volume in-4 avec planches, cartonné. . . . . . 3 fr. 50

Cours élémentaire
de Composition décorative

Répondant aux programmes des Cours supérieurs et complémentaires des Écoles primaires et des Écoles annexes, — des classes élémentaires des Collèges et des Lycées de Jeunes filles, — de la première année des Écoles primaires supérieures, — du Certificat d'études primaires.

Par H. FRECHON

1 cahier in-4 de 56 pages. . . . . 1 fr. »

ENSEIGNEMENT SECONDAIRE DES JEUNES FILLES
HISTOIRE

Histoire de la Civilisation
PAR CH. SEIGNOBOS
Docteur ès lettres, Maître de conférences à la Faculté des lettres de Paris

VOLUMES IN-16, CARTONNÉS TOILE VERTE, AVEC FIGURES

Histoire de la civilisation. — *Histoire ancienne de l'Orient.* — *Histoire des Grecs.* — *Histoire des Romains.* — *Le moyen âge jusqu'à Charlemagne.* 9ᵉ édition avec 105 figures. . . . . 3 fr. 50

Histoire de la civilisation. — *Moyen âge depuis Charlemagne.* — *Renaissance et temps modernes.* — *Période contemporaine.* 8ᵉ édition avec 72 figures. . . . . 5 fr. »

ENSEIGNEMENT SECONDAIRE DES JEUNES FILLES

GÉOGRAPHIE

Nouveauté :

Cartes d'Étude

POUR SERVIR A L'ENSEIGNEMENT DE LA

Géographie

Par MM.

MARCEL DUBOIS ET E. SIEURIN

Iʳᵉ et IIᵉ ANNÉES. — **Le Monde (moins la France)**. 1 vol. in-4°, 77 cartes et 230 cartons . . . . **3 fr.**

IIIᵉ ANNÉE. — **France et Colonies.** 1 vol. in-4°, 47 cartes et 200 cartons . . . . **2 fr.**

IVᵉ et Vᵉ ANNÉES. — **Géographie générale. — Les principales puissances.** — 1 vol. in-4°, 73 cartes et 250 cartons . . . . **3 fr**

Cours de Géographie

Par MM.

MARCEL DUBOIS ET E. SIEURIN

Iʳᵉ ANNÉE. — **Notions générales de Géographie physique :** Océanie, Afrique, Amérique, 2ᵉ *éd.* . . . **2 fr.**

IIᵉ ANNÉE. — **Asie, Europe,** 2ᵉ *éd.* . . . . **2 fr.**

IIIᵉ ANNÉE. — **France et Colonies,** 2ᵉ *éd.* . . . . **2 fr.**

IVᵉ ANNÉE. — **Géographie générale** . . . . » »

Vᵉ ANNÉE. — **Les principales puissances du monde,** par M. DUBOIS et J.-K. KERGOMARD. . . . . **4 fr. 50**

LITTÉRATURE

MORCEAUX CHOISIS

PUBLIÉS PAR

MESDAMES **CHAPELOT, BOUCHEZ** ET **HOCDÉ**

Professeurs au lycée Fénelon

1ᵉʳ et 2ᵉ *Degrés* (de 6 à 9 ans). 5ᵉ *édition.* 1 vol. in-16, cart. toile souple. **1 fr. 50**

3ᵉ *Degré* (de 9 à 11 ans). 4ᵉ *édition.* 1 vol. in-16, cart. toile souple. **1 fr. 50**

4ᵉ *Degré* (de 11 à 13 ans). 4ᵉ *édition.* 1 vol. in-16, cart. toile souple. **2 fr. 50**

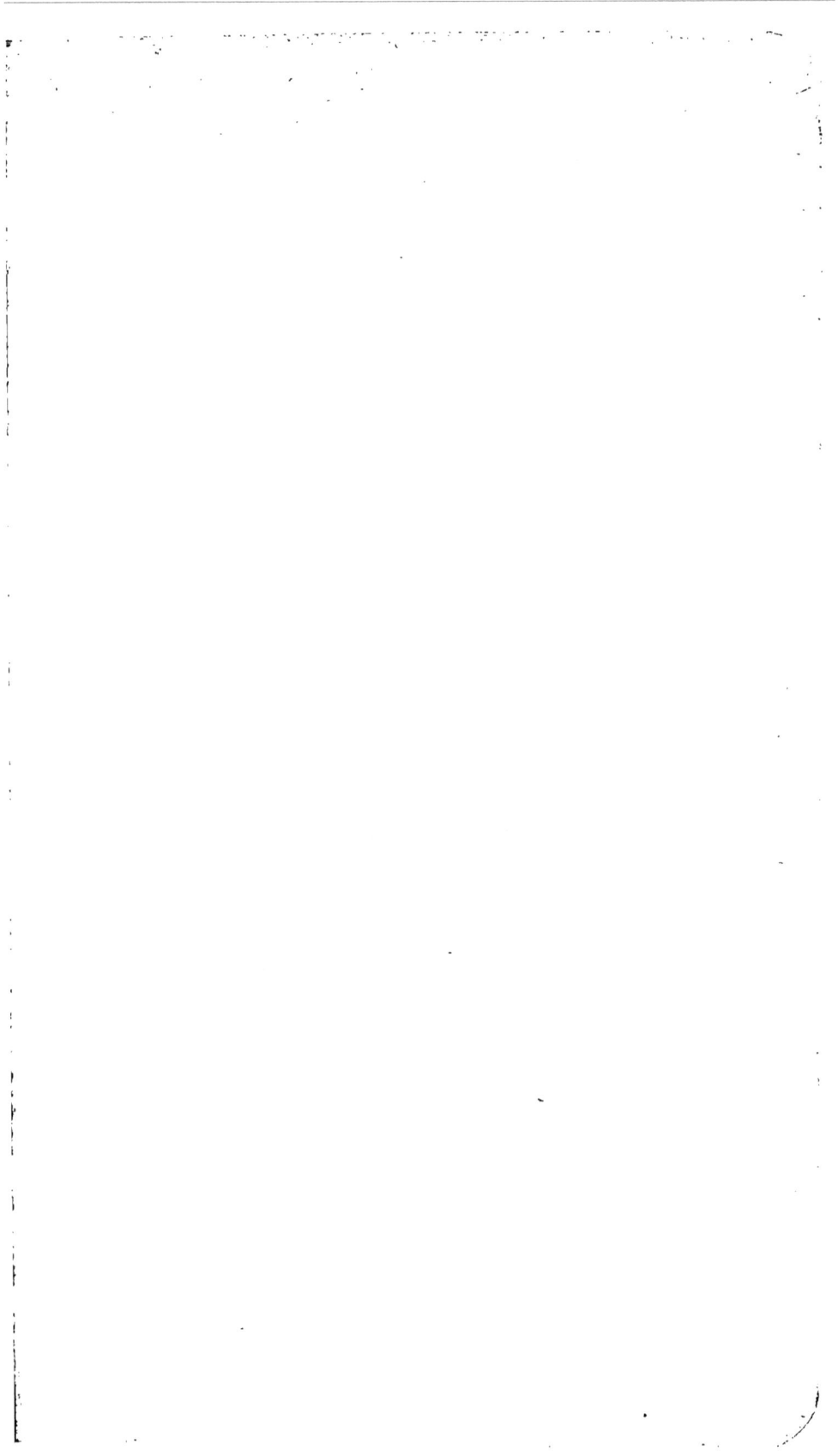

www.ingramcontent.com/pod-product-compliance
Lightning Source LLC
Chambersburg PA
CBHW070259200326
41518CB00010B/1834